DEUTSCHE AKADEMIE DER WISSENSCHAFTEN ZU BERLIN

Veröffentlichungen des Geodätischen Instituts in Potsdam

Nr. 10

DIE AUSGLEICHUNG GITTERFÖRMIGER TRIANGULATIONSSYSTEME NACH DEM ABGEKÜRZTEN EGGERT'SCHEN VERFAHREN

VON

KURT ARNOLD

1 9 5 6

A K A D E M I E - V E R L A G · B E R L I N

Erschienen im Akademie-Verlag GmbH., Berlin W 8, Mohrenstraße 39
Druckgenehmigungs-Nr. 100/551/55
Gesamtherstellung: Druckhaus „Maxim Gorki“, Altenburg
Bestell- und Verlagsnummer: 2016/10
Preis: 10,— DM
Printed in Germany

Vorwort

Die Ausgleichung eines flächenhaften Dreiecksnetzes als solches gestattet bekanntlich die günstigste Ausschöpfung des in dem geodätischen System vorhandenen umfangreichen Beobachtungsmaterials.

Jedoch sind der Aufbau, die Beobachtung und die Ausgleichung eines großen flächenhaften Dreiecksnetzes 1. Ordnung ein außerordentlich zeitraubendes und ziemlich kostspieliges Unternehmen. Der Zeitaufwand ist manchmal nur schwierig in Einklang zu bringen mit den Erfordernissen der Wirtschaft.

So ist es verständlich, daß man bei der geodätischen Erschließung großer Territorien über dieses Gebiet im allgemeinen zunächst nicht ein flächenhaftes Netz spannt, sondern ein gitterförmiges Triangulationssystem aufbaut, beobachtet und ausgleicht. Später werden die noch leeren Maschen dieses Systems durch sogenannte Füllnetze ausgefüllt. Beim Einpassen dieser Füllnetze in den Rahmen der Triangulationsketten 1. Ordnung werden die letzten meistens als fehlerfrei angenommen und nicht mehr verändert. Die Unvollkommenheit dieses Verfahrens gibt sich dadurch zu erkennen, daß beim Einpassen der Füllnetze in die Rahmenketten auf die Füllnetze bekanntlich u. U. ein nicht unwesentlicher Anschlußzwang ausgeübt wird.

Wenn alle Füllnetze beobachtet sind, sollte man es also nicht unterlassen, das gesamte Netz in einem Guß streng auszugleichen. Man wird dann allen Forderungen der Geodäsie und der großmaßstäblichen Kartographie in dieser Hinsicht gerecht. Hierbei sind die elektronischen Rechenmaschinen eine besonders wertvolle Hilfe, gestatten sie doch die Auflösung von Systemen mit mehreren tausend Normalgleichungen.

Aus dem Vorstehenden dürfte jedenfalls erkenntlich sein, daß den gitterförmigen Triangulationssystemen nach wie vor innerhalb bestimmter Grenzen eine große Bedeutung zukommt. Derartige Systeme werden ja gegenwärtig in mehreren Ländern aufgebaut.

Das Ausgleichungsverfahren, das man für diese Rahmenketten wählt, sollte auf jeden Fall weitgehend streng im Sinne der Methode der kleinsten Quadrate sein; denn so erhält man bekanntlich für die Beobachtungen und Funktionen von diesen Beobachtungen die günstigsten Werte, ein Umstand, der sich auch auf die Genauigkeit der Füllnetze positiv auswirkt.

Die vorliegende Abhandlung enthält ein derartiges strenges Verfahren zum Ausgleichen gitterförmiger Triangulationssysteme. Die Verbindungsketten können dabei in beliebiger Form ausgebildet sein. Es kommen nicht nur einfache Dreiecksketten, Doppelketten und Ketten, die aus vollständigen Vierecken bestehen, in Frage, sondern jede beliebige Netzkonfiguration. Das im folgenden angegebene Ausgleichungsverfahren macht auch nicht die Einschränkung, daß die Verbindungsketten keine Grundlinien und Laplace-Azimute enthalten dürfen.

Freilich enthält das vorstehende Verfahren bei der Elimination der Identitätskorrelaten eine Näherung. Jedoch ist diese Näherung so unwesentlich, daß die Abweichungen der Ergebnisse dieses Ausgleichungsverfahrens von denen der strengen Lösung praktisch nicht merkbar sind.

Bei der Durchführung der numerischen Berechnungen waren mir Herr Dipl.-Ing. Schoeps, Frau Weise, Frl. Geppert, Frl. Stobbe und Herr Scheil behilflich. Auch die Reinschrift des Manuskriptes wurde von ihnen erledigt.

Potsdam, 20. 5. 1955

Kurt Arnold

1. Kapitel: Einleitung

Das in [1] angegebene abgekürzte Eggertsche Verfahren eignet sich besonders gut für die Ausgleichung von Systemen mit Dreiecksketten; denn bei dem Zusammenschluß von Dreiecksketten treten nur wenige Identitätsbedingungen auf. Stoßen z. B. zwei einfache Dreiecksketten mit Richtungsbeobachtungen zusammen, so handelt es sich nur um zwei Identitätsbedingungen, die bei der Ausgleichung mitgenommen werden müssen.

Nun bestehen die modernen trigonometrischen Netze 1. Ordnung zum großen Teil aus Dreiecksketten — einfache Dreiecksketten, Doppelketten, Dreiecksketten mit Diagonalsystemen als Elementarfigur und gemischte kettenförmige Systeme —, die sich zu gitterförmigen Triangulationssystemen zusammenschließen. Die Dreiecksketten verlaufen dabei meistens genähert in Nord-Süd- bzw. in Ost-West-Richtung.

Es liegt also nahe, das abgekürzte Eggertsche Verfahren auch auf gitterförmige Triangulationssysteme anzuwenden. Die einzelnen Verbindungsketten werden zweckmäßigerweise als Teilsysteme im Sinne des abgekürzten Eggertschen Verfahrens eingeführt. In der Hauptausgleichung treten im wesentlichen Basis-, Azimut-, Schleifenschluß- und Identitätsbedingungen auf. Wenn wir bei gitterförmigen Triangulationssystemen die Verbindungsketten zu Teilsystemen im Sinne des abgekürzten Eggertschen Verfahrens machen, so werden die Teilsysteme an den Verknotungsstellen, bei denen sich auch die Grundlinien und die Azimute befinden, zusammenstoßen und bei den Verknotungsstellen werden folglich auch immer die Beobachtungen liegen, die in die Identitätsbedingungen eingehen.

Es läßt sich nun zeigen, daß man bei gitterförmigen Triangulationssystemen die Korrelaten der Identitätsbedingungen (im folgenden kurz mit „Identitätskorrelaten" bezeichnet) auf einfache Weise vor der eigentlichen Hauptausgleichung eliminieren kann. Die Elimination der Identitätskorrelaten einer Verknotungsstelle geschieht dabei nämlich getrennt von der der Identitätskorrelaten der anderen Verknotungsstellen im Anschluß an die Bearbeitung der Teilsysteme. Dieses einfache Eliminationsverfahren ist dadurch möglich, daß die Identitätsbedingungen verschiedener Verknotungsstellen nach der Ausgleichung der Teilsysteme genähert „Freie Funktionen" sind.

Die nach der Elimination der Identitätskorrelaten beginnende „eigentliche Hauptausgleichung" enthält dann nur noch die Basis-, Azimut-, Schleifenschluß- und evtl. wenige Zentralbedingungen, die Beobachtungen aus mehreren Teilsystemen enthalten. Wie bereits gesagt wurde, wird bei dem Eliminationsprozeß für die Identitätskorrelaten ein bestimmtes Näherungsverfahren angewandt. Bestehen aber die Teilsysteme aus einfachen Dreiecksketten mit wenigstens 7 Dreiecken, so ist der Eliminationsprozeß für die Identitätskorrelaten praktisch streng, und die Bedingungsgleichungen werden dann von den Verbesserungen in vollkommen ausreichendem Maße erfüllt.

Bekanntlich kann schon dann eine Ausgleichung als praktisch streng bezeichnet werden, wenn die Verbesserungen mit einer Genauigkeit, die etwa gleich dem zehnten Teil des mittleren Fehlers

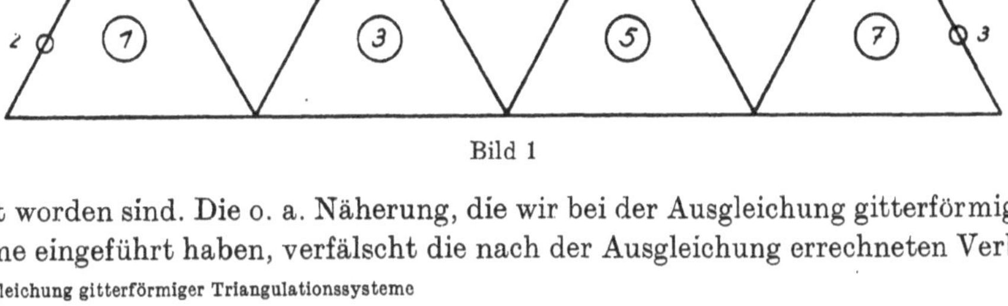

Bild 1

ist, errechnet worden sind. Die o. a. Näherung, die wir bei der Ausgleichung gitterförmiger Triangulationssysteme eingeführt haben, verfälscht die nach der Ausgleichung errechneten Verbesserungen um ganz erheblich weniger als 10% des mittl. Fehlers. Die auf Grund der gemachten Näherung bestehende Ungenauigkeit der Verbesserungen beträgt im allgemeinen höchstens einige tausendstel Sekunden. (In diesem Zusammenhang sei auf [8], S. 25, verwiesen.)

Bild 1 zeigt eine einfache regelmäßige Dreieckskette mit 7 Dreiecken. Die Richtungsmessungen — 1, 2, 3, 4 — für die durch —⊖—⊖— gekennzeichneten Dreiecksseiten an den Enden der Kette wurden mit dem Gewicht $p = 1/2$ eingeführt. Die Gewichtskoeffizienten für diese 4 Richtungen nach der Ausgleichung der Dreieckskette (Bild 1) lauten:

1	2	3	4	
+ 1,4472	+ 0,5528	— 0,0010	+ 0,0010	1
	+ 1,4472	+ 0,0010	— 0,0010	2
		+ 1,4472	+ 0,5528	3
			+ 1,4472	4

Haben wir es bei den Teilsystemen mit Doppelketten zu tun, so müssen sie aus wenigstens 4 Zentralsystemen bestehen.

Bild 2 zeigt eine derartige regelmäßige Doppelkette mit 4 Zentralsystemen.

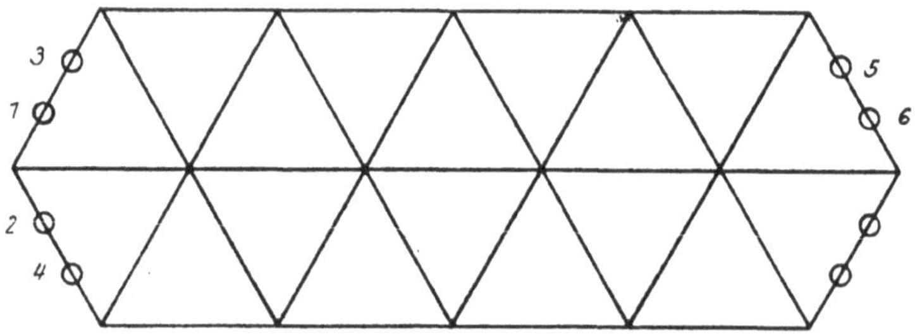

Bild 2

Die Gewichtskoeffizienten für die in Bild 2 hervorgehobenen 6 Richtungsmessungen nach der Ausgleichung der Doppelkette sind die folgenden:

1	2	3	4	5	6	
+ 1,2912	+ 0,0673	+ 0,4990	— 0,2771	— 0,0021	— 0,0003	1
	+ 1,2912	— 0,2771	+ 0,4990	— 0,0003	— 0,0021	2
		+ 1,2912	+ 0,0673	— 0,0003	— 0,0021	3
			+ 1,2912	— 0,0021	— 0,0003	4
				+ 1,2912	+ 0,4990	5
					+ 1,2912	6

Bild 3 zeigt ein Teilsystem, das aus 4 Diagonalvierecken besteht. Die Richtungen der durch —⊖—⊖— gekennzeichneten Dreiecksseiten wurden wieder mit dem halben Gewicht eingeführt.

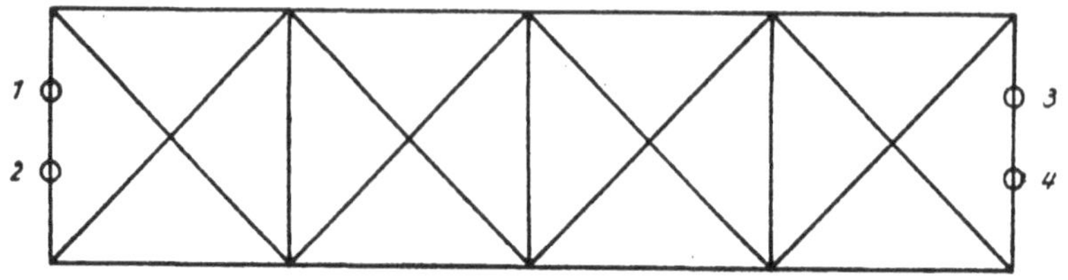

Bild 3

Das System der Gewichtskoeffizienten für die in Bild 3 besonders bezeichneten Richtungen 1 bis 4 lautet folgendermaßen:

1	2	3	4	
+ 1,1787	+ 0,5118	0	0	1
	+ 1,1787	0	0	2
		+ 1,1785	+ 0,5119	3
			+ 1,1785	4

Sind 2 Verknotungsstellen erheblich enger benachbart, als es die oben angegebenen Grenzen zulassen — ein sehr seltener und auch aus anderen Gründen zu vermeidender Fall —, so empfiehlt es sich, die Identitätskorrelaten dieser beiden eng benachbarten Verknotungsstellen zusammenzufassen und gemeinsam zu eliminieren.

2. Kapitel: Die Ausgleichung gitterförmiger Triangulationssysteme nach dem abgekürzten Eggertschen Verfahren

Wir gehen aus von der Form (33^{a-d}) in [1] für die Bedingungsgleichungen der Hauptausgleichung.

Zum System $I'.\,i$ gehören die geometrischen Bedingungen — Dreiecks-, Zentral- und Diagonalbedingungen — des Teilnetzes T_i. T_i ist im Rahmen der vorstehenden Abhandlung als eine Verbindungskette eines gitterförmigen Triangulationssystems zu verstehen. In dem Bedingungsgleichungssystem $I'.\,i$ kommen nicht die Basis-, Azimut- und Schleifenschlußbedingungen vor.

Die Teilnetze T_i — $i = a, b, \ldots r$ — sind nach dem Eggertschen Verfahren zur Erzielung der Unabhängigkeit der Teilsysteme durch Einführung der Identitätsbedingungen voneinander unabhängig.

Das System von Bedingungsgleichungen III' enthält alle Identitätsbedingungsgleichungen.

Im Bedingungsgleichungssystem II' finden wir die restlichen Bedingungsgleichungen. Also die Basis-, Azimut- und Schleifenschlußbedingungen. Im System II′ können aber auch noch wenige andere Bedingungsgleichungen auftreten, z. B. Zentralbedingungen, die durch den Zusammenschluß von Teilsystemen mit zwei gemeinsamen Seiten auftreten. Eine derartige Zentralbedingung haben wir in Bild 4 an der Verknotungsstelle der Teilketten T_c, T_d, T_g, nämlich das aus den Dreiecken 1, 2, 3, 4 von T_d und den Dreiecken 8, 9, 10 von T_c gebildete Zentralsystem.

Bild 4 stellt 2 Polygone mit 7 Teilsystemen T_a, T_b, ... T_g dar.

Die Nähte der Teilsysteme sind durch —o——o— gekennzeichnet. Das Zeichen ▬▭▬▭▬ bedeutet eine Grundlinie, der Pfeil ——➤—— bezeichnet ein Azimut.

Die in Bild 4 eingezeichneten 7 langen geschweiften Pfeile, die von einem Punkt einer Verknotungsstelle — Γ_1, Γ_2, ... Γ_6 — bis zu einem Punkt einer anderen Verknotungsstelle laufen, bezeichnen die in die 4 Schleifenschlußbedingungen eingeführten Breiten- und Längenunterschiede.

Bild 5 gibt eine nähere Erläuterung der Teilsysteme, insbesondere die Numerierung der Beobachtungen. Das System $I'.\,a$ — im Sinne der Gleichungen (33^{a-d}) in [1] — besteht ebenso wie das System $I'.\,b$ aus 7 Dreiecksbedingungen. Das System $I'.\,c$ hat 10, $I'.\,d$ hat 11 Dreiecksbedingungen. Das System $I'.\,e$ hat 11, die Systeme $I'.\,f$ und $I'.\,g$ je 10 Dreiecksbedingungen.

Die im folgenden zusammengestellten Beobachtungen werden mit dem halben Gewicht in die Ausgleichung eingeführt:

Teilnetz T_a: L_2^a, L_9^a, L_{28}^a, L_{29}^a,
Teilnetz T_b: L_1^b, L_5^b, L_{28}^b, L_{29}^b,
Teilnetz T_c: L_1^c, L_5^c, L_2^c, L_6^c, L_{33}^c, L_{37}^c, L_{40}^c, L_{41}^c, L_{42}^c, L_{34}^c,
Teilnetz T_d: L_2^d, L_6^d, L_{10}^d, L_{18}^d, L_{42}^d, L_{46}^d,
Teilnetz T_e: L_2^e, L_7^e, L_{44}^e, L_{45}^e,
Teilnetz T_f: L_2^f, L_3^f, L_{38}^f, L_{42}^f,
Teilnetz T_g: L_2^g, L_3^g, L_{34}^g, L_{42}^g.

Die Identitätsbedingungen lauten folgendermaßen:

$\underline{\Gamma_1}$. Verknotungsstelle T_a, T_b:

$$L_{28}^a - L_1^b + v_{28}^a - v_1^b = 0 \quad \Gamma_{1.1}$$
$$L_{29}^a - L_5^b + v_{29}^a - v_5^b = 0 \quad \Gamma_{1.2}$$

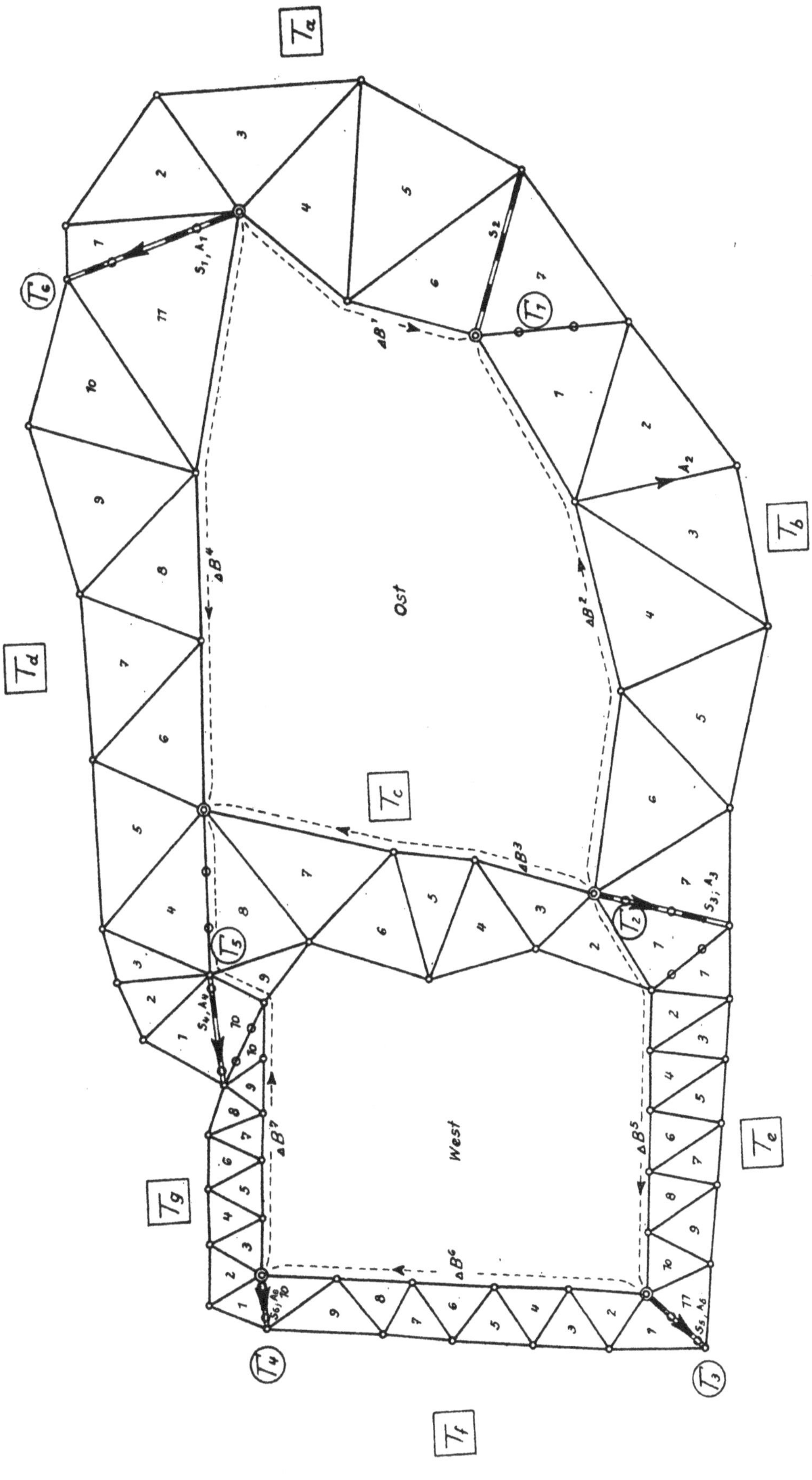

Bild 4

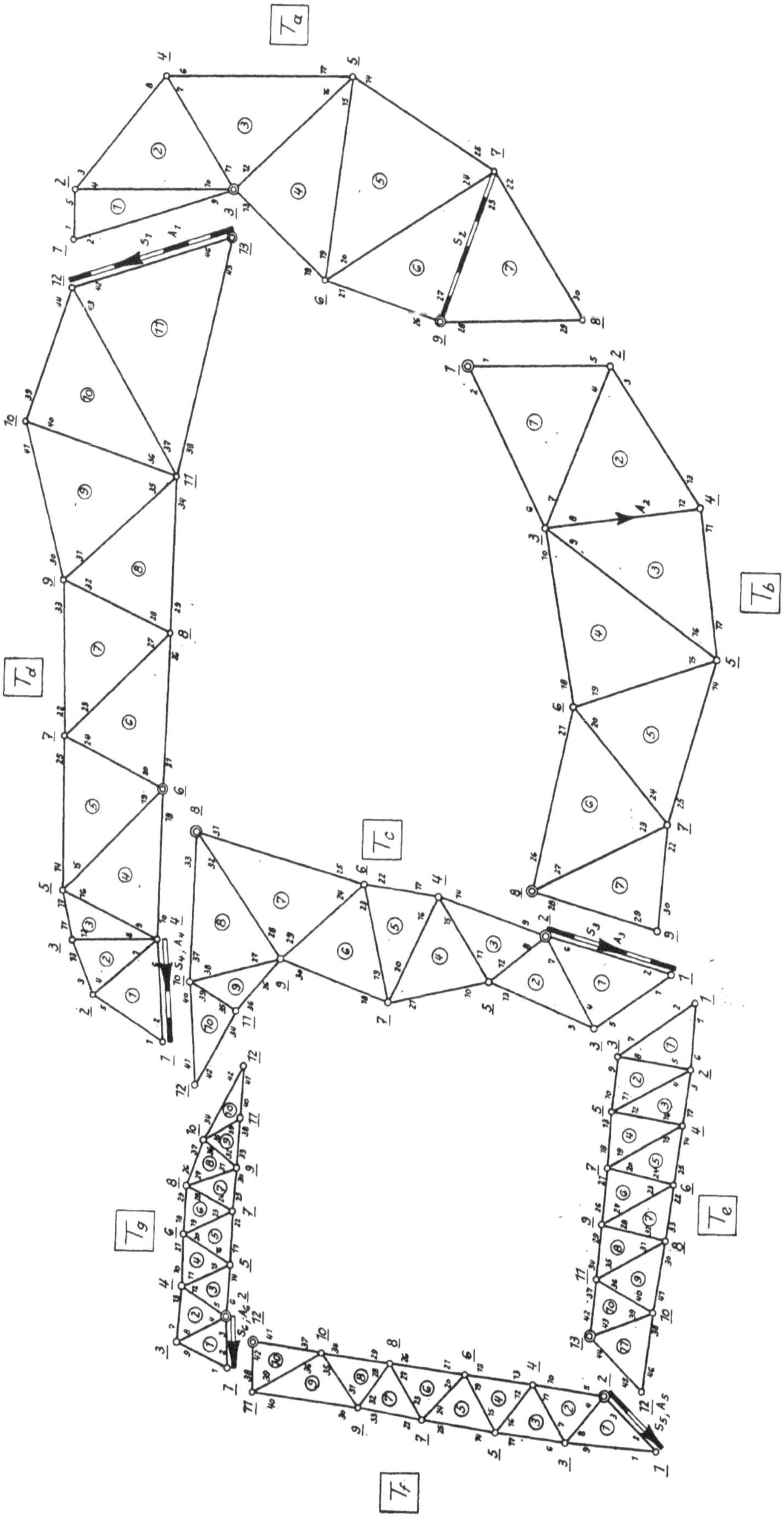

Bild 5

$$
\begin{array}{lll}
\underline{\Gamma_2}.\ \text{Verknotungsstelle } T_b, T_c, T_e: & L_{28}^b - L_6^c + v_{28}^b - v_6^c = 0 & \Gamma_{2.1} \\
 & L_{29}^b - L_2^c + v_{29}^b - v_2^c = 0 & \Gamma_{2.2} \\
 & L_1^c - L_2^e + v_1^c - v_2^e = 0 & \Gamma_{2.3} \\
 & L_5^c - L_7^e + v_5^c - v_7^e = 0 & \Gamma_{2.4} \\
\underline{\Gamma_3}.\ \text{Verknotungsstelle } T_e, T_f: & L_{44}^e - L_3^f + v_{44}^e - v_3^f = 0 & \Gamma_{3.1} \\
 & L_{45}^e - L_2^f + v_{45}^e - v_2^f = 0 & \Gamma_{3.2} \\
\underline{\Gamma_4}.\ \text{Verknotungsstelle } T_f, T_g: & L_{38}^f - L_2^g + v_{38}^f - v_2^g = 0 & \Gamma_{4.1} \\
 & L_{42}^f - L_3^g + v_{42}^f - v_3^g = 0 & \Gamma_{4.2} \\
\underline{\Gamma_5}.\ \text{Verknotungsstelle } T_c, T_d, T_g: & L_{33}^c - L_{18}^d + v_{33}^c - v_{18}^d = 0 & \Gamma_{5.1} \\
 & L_{37}^c - L_{10}^d + v_{37}^c - v_{10}^d = 0 & \Gamma_{5.2} \\
 & L_{40}^c - L_6^d + v_{40}^c - v_6^d = 0 & \Gamma_{5.3} \\
 & L_{41}^c - L_2^d + v_{41}^c - v_2^d = 0 & \Gamma_{5.4} \\
 & L_{34}^c - L_{42}^g + v_{34}^c - v_{42}^g = 0 & \Gamma_{5.5} \\
 & L_{42}^c - L_{34}^g + v_{42}^c - v_{34}^g = 0 & \Gamma_{5.6} \\
\underline{\Gamma_6}.\ \text{Verknotungsstelle } T_a, T_d: & L_2^a - L_{42}^d + v_2^a - v_{42}^d = 0 & \Gamma_{6.1} \\
 & L_9^a - L_{46}^d + v_9^a - v_{46}^d = 0 & \Gamma_{6.2}
\end{array}
$$

$\Gamma\nu.\mu$ bedeutet die lfd. Numerierung der Identitätsbedingungsgleichungen. Es handelt sich bei der Identitätsbedingung $\Gamma\nu.\mu$ um die μ-te Identitätsbedingungsgleichung an der Verknotungsstelle $\Gamma\nu$, $\nu = 1, 2, \ldots 6$.

Wir kommen nun zu den Basisbedingungen. Die meisten Basisbedingungen enthalten Horizontalwinkel aus einem einzigen Teilsystem. Es können aber auch Fälle vorkommen, in denen eine Basisbedingung Dreieckswinkel aus zwei Teilsystemen enthält. Als Beispiel für den ersten Fall geben wir die Basisbedingung zwischen den Grundlinien S_1 und S_2 an (Bild 4 und 5):

$$
\frac{\sin(L_2^a - L_1^a + v_2^a - v_1^a)\sin(L_4^a - L_3^a + v_4^a - v_3^a)\sin(L_7^a - L_6^a + v_7^a - v_6^a)}{\sin(L_5^a - L_4^a + v_5^a - v_4^a)\sin(L_8^a - L_7^a + v_8^a - v_7^a)\sin(L_{17}^a - L_{16}^a + v_{17}^a - v_{16}^a)}
$$

$$
\frac{\sin(L_{13}^a - L_{12}^a + v_{13}^a - v_{12}^a)\sin(L_{15}^a - L_{14}^a + v_{15}^a - v_{14}^a)\sin(L_{21}^a - L_{20}^a + v_{21}^a - v_{20}^a)}{\sin(L_{19}^a - L_{18}^a + v_{19}^a - v_{18}^a)\sin(L_{25}^a - L_{24}^a + v_{25}^a - v_{24}^a)\sin(L_{27}^a - L_{26}^a + v_{27}^a - v_{26}^a)} - \frac{S_2 + v_{S.2}}{S_1 + v_{S.1}} = 0 .
$$

Die im folgenden angegebene Basisbedingung zwischen den Grundlinien S_2 und S_3 ist dadurch charakterisiert, daß sie Dreieckswinkel zweier Teilsysteme, nämlich der Teilsysteme T_a und T_b enthält.

$$
\frac{\sin(L_{23}^a - L_{22}^a + v_{23}^a - v_{22}^a)\sin(L_2^b - L_1^b + v_2^b - v_1^b)\sin(L_4^b - L_3^b + v_4^b - v_3^b)}{\sin(L_{30}^a - L_{29}^a + v_{30}^a - v_{29}^a)\sin(L_7^b - L_6^b + v_7^b - v_6^b)\sin(L_{13}^b - L_{12}^b + v_{13}^b - v_{12}^b)} \cdot
$$

$$
\frac{\sin(L_{12}^b - L_{11}^b + v_{12}^b - v_{11}^b)\sin(L_{10}^b - L_9^b + v_{10}^b - v_9^b)\sin(L_{15}^b - L_{14}^b + v_{15}^b - v_{14}^b)}{\sin(L_{17}^b - L_{16}^b + v_{17}^b - v_{16}^b)\sin(L_{19}^b - L_{18}^b + v_{19}^b - v_{18}^b)\sin(L_{25}^b - L_{24}^b + v_{25}^b - v_{24}^b)}
$$

$$
\frac{\sin(L_{21}^b - L_{20}^b + v_{21}^b - v_{20}^b)\sin(L_{23}^b - L_{22}^b + v_{23}^b - v_{22}^b)}{\sin(L_{27}^b - L_{26}^b + v_{27}^b - v_{26}^b)\sin(L_{30}^b - L_{29}^b + v_{30}^b - v_{29}^b)} - \frac{S_3 + v_{S.3}}{S_2 + v_{S.2}} = 0
$$

So erhalten wir als lineare Form der 7 Basisbedingungen die folgende:

1. $\sigma_1 \cdot v_{S.1} - \sigma_2 \cdot v_{S.2} + [\sigma^{1.a} v^a] + w_{\sigma.1} = 0$ *8*
2. $\sigma_2 \cdot v_{S.2} - \sigma_3 \cdot v_{S.3} + [\sigma^{2.a} v^a] + [\sigma^{2.b} v^b] + w_{\sigma.2} = 0$ *9*
3. $\sigma_3 \cdot v_{S.3} - \sigma_4 \cdot v_{S.4} + [\sigma^{3.c} v^c] + w_{\sigma.3} = 0$ *10*
4. $\sigma_4 \cdot v_{S.4} - \sigma_1 \cdot v_{S.1} + [\sigma^{4.d} v^d] + w_{\sigma.4} = 0$ *13*
5. $\sigma_3 \cdot v_{S.3} - \sigma_5 \cdot v_{S.5} + [\sigma^{5.c} v^c] + [\sigma^{5.e} v^e] + w_{\sigma.5} = 0$ *11*
6. $\sigma_5 \cdot v_{S.5} - \sigma_6 \cdot v_{S.6} + [\sigma^{6.f} v^f] + w_{\sigma.6} = 0$ *14*
7. $\sigma_6 \cdot v_{S.6} - \sigma_4 \cdot v_{S.4} + [\sigma^{7.c} v^c] + [\sigma^{7.g} v^g] + w_{\sigma.7} = 0$ *12*

(Die ganz rechts stehenden kursiv gedruckten Zahlen geben die lfd. Numerierung der Basisbedingungen an, vgl. Kapitel 3.)

Nun wenden wir uns den Azimutbedingungen zu. Die erste Azimutbedingung bezieht sich auf die Azimute A_1 und A_2 und lautet folgendermaßen (vgl. Bild 4 und 5):

$$\begin{aligned} A_1 + v_{a.1} - A_2 - v_{a.2} \quad & + L_{13}^a + v_{13}^a - L_9^a - v_9^a + \Delta_a A_3^6 \\ & + 180^\circ + L_{21}^a + v_{21}^a - L_{18}^a - v_{18}^a + \Delta_a A_6^9 \\ & + 180^\circ + L_{28}^a + v_{28}^a - L_{26}^a - v_{26}^a + L_2^b + v_2^b - L_1^b - v_1^b + \Delta_b A_1^3 \\ & + 180^\circ + L_8^b + v_8^b - L_6^b - v_6^b = 0. \end{aligned}$$

So bekommen wir folgende lineare Azimutbedingungsgleichungen:

1.	$v_{a.1} - v_{a.2} + [\alpha^{1.a} v^a] + [\alpha^{1.b} v^b]$	$+ w_{a.1} = 0$	*1*
2.	$v_{a.3} - v_{a.2} + [\alpha^{2.b} v^b]$	$+ w_{a.2} = 0$	*2*
3.	$v_{a.3} - v_{a.4} + [\alpha^{3.c} v^c]$	$+ w_{a.3} = 0$	*3*
4.	$v_{a.1} - v_{a.4} + [\alpha^{4.d} v^d]$	$+ w_{a.4} = 0$	*6*
5.	$v_{a.3} - v_{a.5} + [\alpha^{5.c} v^c] + [\alpha^{5.e} v^e]$	$+ w_{a.5} = 0$	*4*
6.	$v_{a.5} - v_{a.6} + [\alpha^{6.f} v^f]$	$+ w_{a.6} = 0$	*7*
7.	$v_{a.6} - v_{a.4} + [\alpha^{7.c} v^c] + [\alpha^{7.g} v^g]$	$+ w_{a.7} = 0$	*5*

(Die ganz rechts stehenden Kursivzahlen geben wieder die lfd. Numerierung der Azimutbedingungen an, vgl. Kapitel 3.)

Die Schleifenschlußbedingungen wollen wir im folgenden ausführlicher behandeln. Bei den beiden Polygonen in Bild 4 treten je zwei Schleifenschlußbedingungen in Breite und Länge auf. Die vier Teilstücke der beiden Schleifenschlußbedingungen der östlichen Schleife sind in ihrer Zerlegung in die direkt berechneten Breiten- und Längenunterschiede zwischen zwei Dreieckspunkten die folgenden:

$$\begin{aligned} \Delta B^1 &= \Delta_a B_3^6 + \Delta_a B_6^9 & \Delta L^1 &= \Delta_a L_3^6 + \Delta_a L_6^9 \\ \Delta B^2 &= \Delta_b B_8^6 + \Delta_b B_6^3 + \Delta_b B_3^1 & \Delta L^2 &= \Delta_b L_8^6 + \Delta_b L_6^3 + \Delta_b L_3^1 \\ \Delta B^3 &= \Delta_c B_2^4 + \Delta_c B_4^6 + \Delta_c B_6^8 & \Delta L^3 &= \Delta_c L_2^4 + \Delta_c L_4^6 + \Delta_c L_6^8 \\ \Delta B^4 &= \Delta_d B_{13}^{11} + \Delta_d B_{11}^8 + \Delta_d B_8^6 & \Delta L^4 &= \Delta_d L_{13}^{11} + \Delta_d L_{11}^8 + \Delta_d L_8^6 \end{aligned}$$

Wir geben auch die 4 Teilstücke der zwei Polygonbedingungen der westlichen Schleife an:

$$\begin{aligned} \Delta B^3 &= \Delta_c B_2^4 + \Delta_c B_4^6 + \Delta_c B_6^8 \\ \Delta B^5 &= \Delta_c B_2^3 + \Delta_e B_3^5 + \Delta_e B_5^7 + \Delta_e B_7^9 + \Delta_e B_9^{11} + \Delta_e B_{11}^{13} \\ \Delta B^6 &= \Delta_f B_2^4 + \Delta_f B_4^6 + \Delta_f B_6^8 + \Delta_f B_8^{10} + \Delta_f B_{10}^{12} \\ \Delta B^7 &= \Delta_g B_2^5 + \Delta_g B_5^7 + \Delta_g B_7^9 + \Delta_g B_9^{11} + \Delta_g B_{11}^{12} + \Delta_c B_{11}^{10} + \Delta_c B_{10}^8 \end{aligned}$$

$$\begin{aligned} \Delta L^3 &= \Delta_c L_2^4 + \Delta_c L_4^6 + \Delta_c L_6^8 \\ \Delta L^5 &= \Delta_c L_2^3 + \Delta_e L_3^5 + \Delta_e L_5^7 + \Delta_e L_7^9 + \Delta_e L_9^{11} + \Delta_e L_{11}^{13} \\ \Delta L^6 &= \Delta_f L_2^4 + \Delta_f L_4^6 + \Delta_f L_6^8 + \Delta_f L_8^{10} + \Delta_f L_{10}^{12} \\ \Delta L^7 &= \Delta_g L_2^5 + \Delta_g L_5^7 + \Delta_g L_7^9 + \Delta_g L_9^{11} + \Delta_g L_{11}^{12} + \Delta_c L_{11}^{10} + \Delta_c L_{10}^8 \end{aligned}$$

Wir erkennen, daß einzelne Teilstücke ΔB^k, ΔL^k Komponenten aus einem Teilsystem oder zwei Teilsystemen enthalten.

Die vier Schleifenschlußbedingungen lauten:

1.	$\Delta B^1 - \Delta B^2 + \Delta B^3 - \Delta B^4 = 0$	*16*
2.	$-\Delta B^3 + \Delta B^5 + \Delta B^6 + \Delta B^7 = 0$	*18*
3.	$\Delta L^1 - \Delta L^2 + \Delta L^3 - \Delta L^4 = 0$	*17*
4.	$-\Delta L^3 + \Delta L^5 + \Delta L^6 + \Delta L^7 = 0$	*19*

(Die ganz rechts stehenden Kursivzahlen geben die lfd. Numerierung der Schleifenschlußbedingungen an, vgl. Kapitel 3.)

Wir müssen diese Schleifenschlußbedingungen linear in den Beobachtungen machen. Zu diesem Zweck differenzieren wir die Komponenten $\Delta_i B_m^n$, $\Delta_i L_m^n$ der Teilstücke ΔB^k, ΔL^k der vier Schleifenschlußbedingungen nach den unabhängigen Beobachtungen (Horizontalwinkel, Basismessungen, Azimutbeobachtungen). Dabei gehen wir von den Boltzschen Formeln [3] für die Berechnung des Breiten- und Längenunterschiedes aus dem Azimut und der Länge der geodätischen Linie aus. Die Boltzschen Formeln lauten für den Breitenunterschied zwischen zwei Punkten P_1 und P_2:

$$\Delta B = B_2 - B_1 = b_1 u + b_2 v^2 + b_3 u^2 + b_4 u v^2 \ldots$$
$$\Delta L = L_2 - L_1 = l_1 v + l_2 u v + l_3 v^3 + l_4 u^2 v \ldots$$

Es bedeuten hier

$$u = s \cdot 10^{-5} \cos A, \quad v = s \cdot 10^{-5} \sin A$$

A bzw. s sind das Azimut bzw. die Länge der geodätischen Linie zwischen den Punkten P_1 und P_2.

Für die Aufstellung der Differentialformeln können wir die rechten Seiten dieser Gleichungen in genügender Annäherung als Funktion nur von dem Azimut und der Länge der geodätischen Linie zwischen den Punkten P_1 und P_2 auffassen.

So erhalten wir folgende Differentiale für die Breiten- und Längenunterschiede:

$$\delta \Delta B = \frac{\partial \Delta B}{\partial s} \delta s + \frac{\partial \Delta B}{\partial A} \delta A \cong b_1 \cdot \delta u + b_2 \cdot \delta v^2$$

$$\delta \Delta L = \frac{\partial \Delta L}{\partial s} \delta s + \frac{\partial \Delta L}{\partial A} \delta A \cong l_1 \cdot \delta v + l_2 \cdot \delta u v$$

Für den Zweck der Aufstellung von Differentialentwicklungen genügt es, nur die Glieder mit b_1, b_2, l_1, l_2 mitzunehmen. So müssen wir die Differentiale δu, δv, δv^2, $\delta u v$ durch δs und δA ausdrücken.

Es ergibt sich:

$$\delta u = 10^{-5} \cdot \cos A \, \delta s - \frac{1}{\varrho} v \delta A$$

$$\delta v = 10^{-5} \cdot \sin A \, \delta s + \frac{1}{\varrho} u \delta A$$

s und δs sind in Metern, δA in Sekunden zu verstehen.

Wenn S die Länge der Dreiecksseite ist, aus der die Strecke s abgeleitet wurde, so gilt rein formal:

$$s = S \frac{\sin \alpha_1 \cdot \sin \alpha_2 \ldots}{\sin \beta_1 \cdot \sin \beta_2 \ldots}$$

Wir logarithmieren und erhalten:

$$\log s = \log S + \log \sin \alpha_1 + \log \sin \alpha_2 + \ldots - \log \sin \beta_1 - \log \sin \beta_2 - \ldots$$

Durch Differentiation erhalten wir:

$$\frac{1}{s} \text{Mod.} \, \delta s = \frac{1}{S} \text{Mod.} \, \delta S + \frac{1}{\varrho} \text{Mod.} \cot \alpha_1 \delta \alpha_1 + \frac{1}{\varrho} \text{Mod.} \cot \alpha_2 \delta \alpha_2 + \ldots$$
$$- \frac{1}{\varrho} \text{Mod.} \cot \beta_1 \delta \beta_1 - \frac{1}{\varrho} \text{Mod.} \cot \beta_2 \delta \beta_2 - \ldots$$

Wir multiplizieren diese Gleichung mit $\frac{\varrho}{\text{Mod.}}$, führen folgende Abkürzung ein: $\overline{\delta s} = \frac{\varrho}{s} \cdot \delta s$ und erhalten

$$\overline{\delta s} = \frac{\varrho}{S} \delta S + \cot \alpha_1 \delta \alpha_1 + \cot \alpha_2 \delta \alpha_2 + \ldots$$
$$- \cot \beta_1 \delta \beta_1 - \cot \beta_2 \delta \beta_2 - \ldots$$

Die Entwicklung von $\overline{\delta s}$ nach unabhängigen Beobachtungen wird im allgemeinen bei Sinusbedingungen aufgestellt. Sie zeichnet sich dadurch aus, daß bei den Differentialen der Winkel die Kotangenten dieser Winkel stehen.

Wir erhalten aus der obigen Gleichung

$$\delta s = \frac{s}{\varrho} \cdot \overline{\delta s}$$

und weiter

$$\delta u = \frac{1}{\varrho} s\, 10^{-5} \cos A\, \overline{\delta s} - \frac{1}{\varrho} v\, \delta A$$

$$\delta v = \frac{1}{\varrho} s\, 10^{-5} \sin A\, \overline{\delta s} + \frac{1}{\varrho} u\, \delta A$$

$$\delta u = \frac{1}{\varrho} u\, \overline{\delta s} - \frac{1}{\varrho} v\, \delta A$$

$$\delta v = \frac{1}{\varrho} v\, \overline{\delta s} + \frac{1}{\varrho} u\, \delta A$$

Für die anderen beiden gesuchten Differentiale ergibt sich:

$$\delta v^2 = 2\, v\, \delta v = 2 \frac{1}{\varrho} v^2\, \overline{\delta s} + 2 \frac{1}{\varrho} u\, v\, \delta A$$

$$\delta u\, v = u\, \delta v + v\, \delta u = 2 \frac{1}{\varrho} u\, v\, \overline{\delta s} + \frac{1}{\varrho} (u^2 - v^2)\, \delta A$$

Mit diesen vier letzten Gleichungen erhalten wir schließlich folgende Differentiale für die Breiten- und Längenunterschiede:

$$\delta \Delta B = \overline{B}\, \overline{\delta s} + \overline{\overline{B}}\, \delta A \qquad \delta \Delta L = \overline{L}\, \overline{\delta s} + \overline{\overline{L}}\, \delta A$$

Mit den Abkürzungen

$$\overline{B} = \frac{1}{\varrho} (b_1 u + 2\, b_2 v^2) \qquad \overline{\overline{B}} = \frac{1}{\varrho} (-\, b_1 v + 2\, b_2 u\, v)$$

$$\overline{L} = \frac{1}{\varrho} (l_1 v + 2\, l_2 u\, v) \qquad \overline{\overline{L}} = \frac{1}{\varrho} \left(l_1 u + l_2 (u^2 - v^2)\right) \tag{1}$$

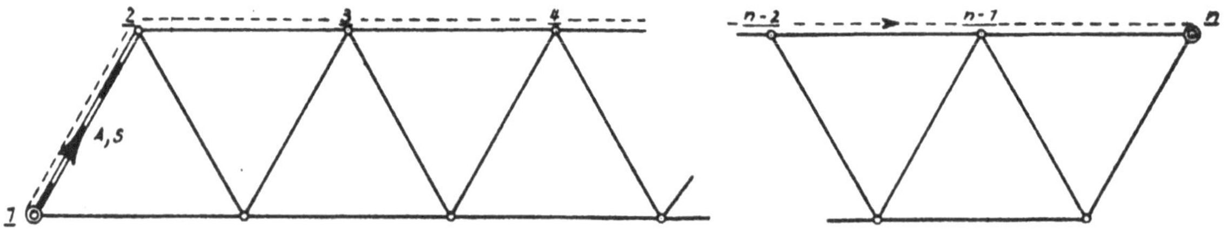

Bild 6

Wir wollen nun die Differentialentwicklung für eine Summe von Breitenunterschieden aufstellen, weil diese unmittelbar für die Schleifenschlußbedingungen gebraucht wird. Es sei der Breitenunterschied zwischen den Punkten P_m und P_n (vgl. Bild 6)

$$\Delta B_m^n = B_n - B_m = \sum_{i=m}^{n-1} \Delta B_i \qquad 1 \leqq m \leqq n - 1 \tag{2}$$

Aus (2) erhalten wir durch Differentiation

$$\delta \Delta B_m^n = \delta (B_n - B_m) = \sum_{i=m}^{n-1} \delta \Delta B_i \tag{3}$$

Aus (1) finden wir

$$\delta \Delta B_i = \overline{B}_i \cdot \overline{\delta s_i} + \overline{\overline{B}}_i \cdot \delta A_i \tag{4}$$

Wir setzen (4) in (3) ein und erhalten

$$\delta \Delta B_m^n = \sum_{i=m}^{n-1} \overline{B}_i \cdot \overline{\delta s_i} + \sum_{i=m}^{n-1} \overline{\overline{B}}_i \cdot \delta A_i \tag{5}$$

Gleichung (5) wollen wir noch etwas umformen.

Es sei s_i die Länge der geodätischen Linie zwischen den Punkten P_i und P_{i+1}, $i = 1, 2, 3, 4 \ldots n - 2, n - 1$ (vgl. Bild 6), dann gelten folgende rein formal angesetzte Entwicklungen:

$$s_i = S \frac{\sin \alpha_1 \cdot \sin \alpha_2 \ldots \sin \alpha_s}{\sin \beta_1 \cdot \sin \beta_2 \ldots \sin \beta_s}$$

$$s_{i+1} = S \frac{\sin \alpha_1 \sin \alpha_2 \ldots \sin \alpha_s \sin \alpha_{s+1} \ldots \sin \alpha_{t-1} \sin \alpha_t}{\sin \beta_1 \sin \beta_2 \ldots \sin \beta_s \sin \beta_{s+1} \ldots \sin \beta_{t-1} \sin \beta_t} \tag{6}$$

Hieraus erhalten wir

$$\begin{aligned} \log s_i &= \log S + \sum_{p=1}^{s} \log \sin \alpha_p - \sum_{p=1}^{s} \log \sin \beta_p \\ \log s_{i+1} &= \log S + \sum_{p=1}^{t} \log \sin \alpha_p - \sum_{p=1}^{t} \log \sin \beta_p \end{aligned} \tag{7}$$

Und weiter:

$$\begin{aligned} \overline{\delta s_i} &= \frac{\varrho}{s_i}\,\delta s_i = \frac{\varrho}{S}\,\delta S + \sum_{p=1}^{s} \operatorname{cotg} \alpha_p \cdot \delta \alpha_p - \sum_{p=1}^{s} \operatorname{cotg} \beta_p \cdot \delta \beta_p \\ \overline{\delta s_{i+1}} &= \frac{\varrho}{s_{i+1}}\,\delta s_{i+1} = \frac{\varrho}{S}\,\delta S + \sum_{p=1}^{t} \operatorname{cotg} \alpha_p\, \delta \alpha_p - \sum_{p=1}^{t} \operatorname{cotg} \beta_p \cdot \delta \beta_p \end{aligned} \tag{8}$$

$$\overline{\delta s_{i+1}} = \overline{\delta s_i} + \sum_{p=s+1}^{t} \operatorname{cotg} \alpha_p \cdot \delta \alpha_p - \sum_{p=s+1}^{t} \operatorname{cotg} \beta_p \cdot \delta \beta_p \tag{9}$$

Setzen wir zur Abkürzung:

$$\overline{\Delta s_{i+1}} = \sum_{p=s+1}^{t} \operatorname{cotg} \alpha_p \cdot \delta \alpha_p - \sum_{p=s+1}^{t} \operatorname{cotg} \beta_p \cdot \delta \beta_p, \tag{10}$$

so ergibt sich

$$\overline{\delta s_{i+1}} = \overline{\delta s_i} + \overline{\Delta s_{i+1}} \tag{11}$$

Führen wir schließlich für cotg α_p, cotg β_p neue Symbole ein und gehen wir von Differentialen zu Verbesserungen über, so erhalten wir aus (10)

$$\overline{\Delta s_{i+1}} = \sum_{p=s+1}^{t} \Delta \alpha_p \cdot v_{\alpha_p} + \sum_{p=s+1}^{t} (-\Delta \beta_p) \cdot v_{\beta_p} \tag{12}$$

v_{α_p}, v_{β_p} müssen bei Richtungsbeobachtungen in die Differenz der Verbesserungen zweier Richtungen zerlegt werden.

Aus (11) erhalten wir

$$\overline{\delta s_i} = \sum_{p=1}^{i} \overline{\Delta s_p} \qquad i = 1, 2, \ldots n-1, \tag{13}$$

wenn

$$\overline{\Delta s_1} = \frac{\varrho}{S}\,\delta S \tag{14}$$

gesetzt wird.

Analoge Entwicklungen erhalten wir für das Azimut A_i zwischen den Punkten P_i und P_{i+1}.

Es ist (vgl. Bild 6), indem wir wieder rein formal vorgehen:

$$\begin{aligned} A_i &= A + \Delta A_1^2 + 180^\circ + \gamma_2 + \Delta A_2^3 + 180^\circ + \gamma_3 + \ldots + \gamma_i \\ A_{i+1} &= A + \Delta A_1^2 + 180^\circ + \gamma_2 + \Delta A_2^3 + 180^\circ + \gamma_3 + \ldots + \gamma_i + \Delta A_i^{i+1} + 180^\circ + \gamma_{i+1} \end{aligned} \tag{15}$$

Wir erhalten aus (15) die folgenden Differentialentwicklungen:

$$\delta A_i = \delta A + \sum_{p=2}^{i} \delta \gamma_p \qquad \delta A_{i+1} = \delta A + \sum_{p=2}^{i+1} \delta \gamma_p \tag{16}$$

$\delta\gamma_p$ setzt sich im allgemeinen aus den Verbesserungen mehrerer Winkel oder der Differenz der Verbesserungen zweier Richtungen zusammen.

Aus (16) folgt

$$\delta A_{i+1} = \delta A_i + \delta \gamma_{i+1} = \delta A_i + \overline{\Delta A_{i+1}} \tag{17}$$

mit

$$\overline{\Delta A_{i+1}} = \delta A_{i+1} - \delta A_i \tag{17a}$$

Also

$$\delta A_i = \sum_{p=1}^{i} \overline{\Delta A_p} \tag{18}$$

In (18) ist

$$\overline{\Delta A_1} = \delta A \tag{19}$$

Wir tragen die Gleichungen (13) und (18) in die Gleichung (5) ein und erhalten:

$$\delta \Delta B_m^n = \sum_{i=m}^{n-1} \overline{B}_i \sum_{p=1}^{i} \overline{\Delta s_p} + \sum_{i=m}^{n-1} \overline{\overline{B}}_i \sum_{p=1}^{i} \overline{\Delta A_p} \tag{20}$$

Analog ergibt sich

$$\delta \Delta L_m^n = \sum_{i=m}^{n-1} \overline{L}_i \sum_{p=1}^{i} \overline{\Delta s_p} + \sum_{i=m}^{n-1} \overline{\overline{L}}_i \sum_{p=1}^{i} \overline{\Delta A_p} \tag{21}$$

Die Gleichungen (20) und (21) formen wir noch etwas um.

Es ist nämlich allgemein gültig:

$$\begin{aligned} \sum_{i=m}^{n-1} \Phi_i \sum_{p=1}^{i} \Psi_p &= \Phi_m (\Psi_1 + \Psi_2 + \ldots + \Psi_m) \\ &+ \Phi_{m+1} (\Psi_1 + \Psi_2 + \ldots + \Psi_m + \Psi_{m+1}) \\ &\ldots\ldots\ldots\ldots\ldots \\ &+ \Phi_{n-2} (\Psi_1 + \Psi_2 + \ldots + \Psi_m + \Psi_{m+1} + \ldots + \Psi_{n-2}) \\ &+ \Phi_{n-1} (\Psi_1 + \Psi_2 + \ldots + \Psi_m + \Psi_{m+1} + \ldots + \Psi_{n-2} + \Psi_{n-1}) \\ &= \left\{\sum_{p=1}^{m} \Psi_p\right\} \left\{\sum_{i=m}^{n-1} \Phi_i\right\} + \sum_{p=m+1}^{n-1} \Psi_p \sum_{i=p}^{n-1} \Phi_i \end{aligned} \tag{22}$$

Aus (22) und (20) bzw. (21) erhalten wir, mit

$$\Phi_i = \overline{B}_i,\ \overline{\overline{B}}_i \text{ bzw. } \overline{L}_i,\ \overline{\overline{L}}_i$$

$$\Psi_p = \overline{\Delta s}_p,\ \overline{\Delta A}_p$$

$$\begin{aligned} \delta (B_n - B_m) = \delta \Delta B_m^n &= \sum_{p=1}^{m} \overline{\Delta s_p} \sum_{i=m}^{n-1} \overline{B}_i + \sum_{p=m+1}^{n-1} \overline{\Delta s_p} \sum_{i=p}^{n-1} \overline{B}_i + \sum_{p=1}^{m} \overline{\Delta A_p} \sum_{i=m}^{n-1} \overline{\overline{B}}_i + \sum_{p=m+1}^{n-1} \overline{\Delta A_p} \sum_{i=p}^{n-1} \overline{\overline{B}}_i \\ \delta (L_n - L_m) = \delta \Delta L_m^n &= \sum_{p=1}^{m} \overline{\Delta s_p} \sum_{i=m}^{n-1} \overline{L}_i + \sum_{p=m+1}^{n-1} \overline{\Delta s_p} \sum_{i=p}^{n-1} \overline{L}_i + \sum_{p=1}^{m} \overline{\Delta A_p} \sum_{i=m}^{n-1} \overline{\overline{L}}_i + \sum_{p=m+1}^{n-1} \overline{\Delta A_p} \sum_{i=p}^{n-1} \overline{\overline{L}}_i \end{aligned} \tag{23}$$

Eine sehr wesentliche Überlegenheit der nach (23) berechneten Schleifenschlußbedingungen gegenüber der Berechnung nach dem Verfahren des Coast and Geodetic Survey [2] besteht jedoch kaum. Für Kontrollberechnungen dürften die Formeln (23) von Bedeutung sein.

Wir wollen anschließend noch ein Beispiel für die numerische Berechnung einer Schleifenschlußbedingung angeben, und zwar wollen wir das Teilstück ΔB^2, ΔL^2 in den beiden Schleifenschlußbedingungen des östlichen Polygons (Bild 4 und 5) berechnen.

Anlage 1 gibt die Berechnung der Koeffizienten $\overline{B}$, $\overline{\overline{B}}$; $\overline{L}$, $\overline{\overline{L}}$ an. Es sei in diesem Zusammenhang darauf hingewiesen, daß alle 4 Schleifenschlußbedingungen, d. h. ihre Koeffizienten in der Form (23) und ihre Widersprüche, mit 100 multipliziert wurden, um aus rechentechnischen Gründen nicht zu kleine Werte zu erhalten.

Die Werte b_1, b_2, l_1, l_2; u, v, v^2, uv, u^2 in Tafel 1 wurden nicht extra berechnet, sondern der Berechnung der Widersprüche in den Schleifenschlußbedingungen nach den Boltzschen Tafeln [3] entnommen.

Anlage 2 zeigt die Berechnung der Schleifenschlußbedingung nach den Formeln (23). Es handelt sich wieder um das Teilstück ΔB^2, ΔL^2 in dem östlichen Polygon. Das Rechenschema ist an das des Coast and Geodetic Survey angelehnt [2].

Die nach (23) zu berechnenden linearen Entwicklungen nach unabhängigen Verbesserungen für die insgesamt 7 Teilstücke der 2 Schleifenschlußbedingungen in Breite lauten, wenn wir die Zugehörigkeit der Beobachtungen zu den einzelnen Teilsystemen $T_a, \ldots, T_g$ besonders hervorheben:

$$\begin{aligned} \delta \Delta B^1 &= \beta_{1.1} \cdot v_{s.1} + \beta_{1.2} \cdot v_{a.1} + [\beta^{1.a} \cdot v^a] \\ \delta \Delta B^2 &= \beta_{2.1} \cdot v_{s.3} + \beta_{2.2} \cdot v_{a.3} + [\beta^{2.b} \cdot v^b] \\ \delta \Delta B^3 &= \beta_{3.1} \cdot v_{s.3} + \beta_{3.2} \cdot v_{a.3} + [\beta^{3.c} \cdot v^c] \\ \delta \Delta B^4 &= \beta_{4.1} \cdot v_{s.1} + \beta_{4.2} \cdot v_{a.1} + [\beta^{4.d} \cdot v^d] \\ \delta \Delta B^5 &= \beta_{5.1} \cdot v_{s.3} + \beta_{5.2} \cdot v_{a.3} + [\beta^{5.c} \cdot v^c] + [\beta^{5.e} \cdot v^e] \\ \delta \Delta B^6 &= \beta_{6.1} \cdot v_{s.5} + \beta_{6.2} \cdot v_{a.5} + [\beta^{6.f} \cdot v^f] \\ \delta \Delta B^7 &= \beta_{7.1} \cdot v_{s.6} + \beta_{7.2} \cdot v_{a.6} + [\beta^{7.c} \cdot v^c] + [\beta^{7.g} \cdot v^g]. \end{aligned} \tag{24}$$

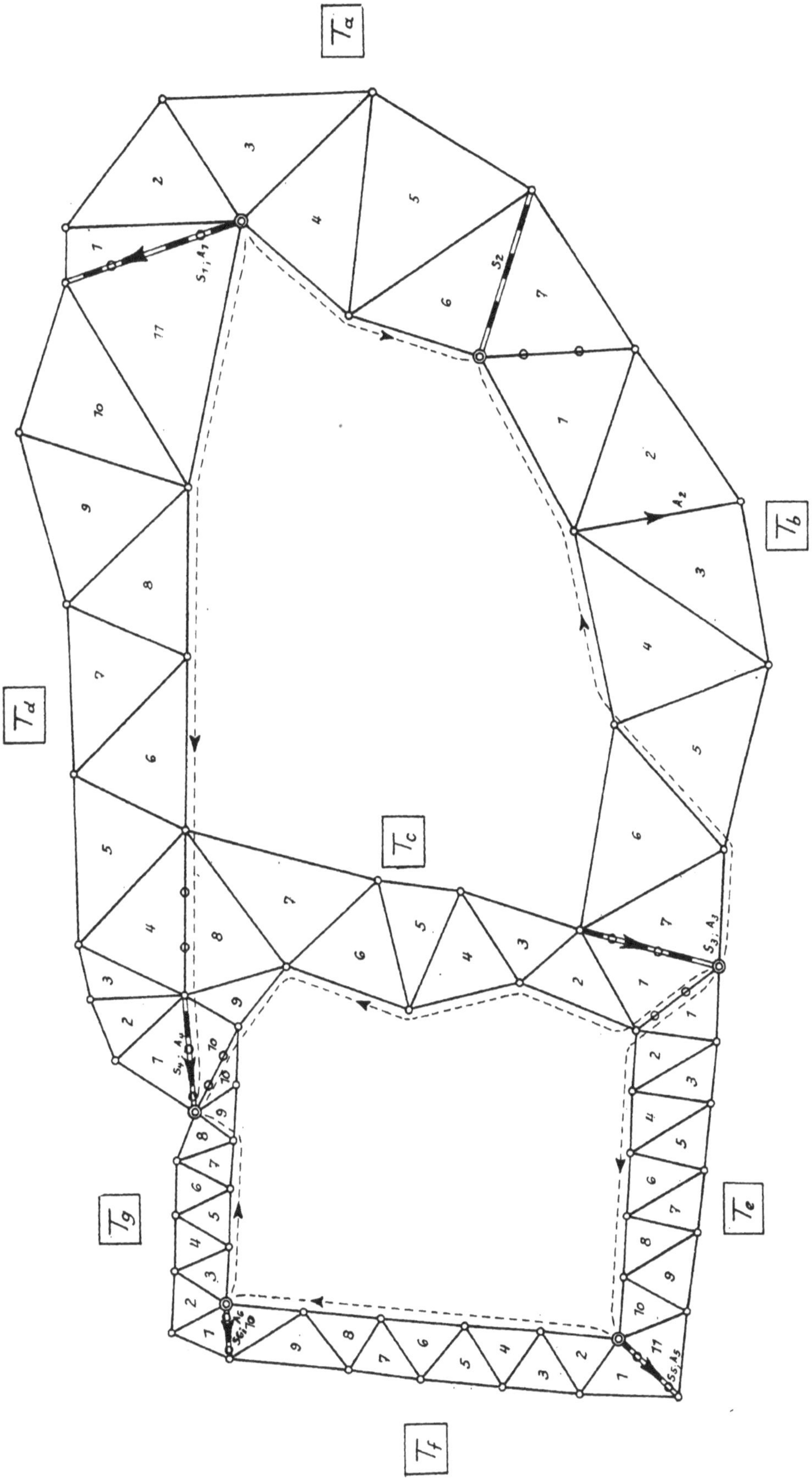

Bild 7

So erhalten wir die folgenden beiden Schleifenschlußbedingungen in Breite:

$$\begin{aligned}(\beta_{1.1} - \beta_{4.1})\, v_{s.1} + (-\beta_{2.1} + \beta_{3.1})\, v_{s.3} + (\beta_{1.2} - \beta_{4.2})\, v_{a.1} + (-\beta_{2.2} + \beta_{3.2})\, v_{a.3} + \\ + [\beta^{1.a} v^a] - [\beta^{2.b} v^b] + [\beta^{3.c} v^c] - [\beta^{4.d} v^d] + w_{\beta.1} = 0\end{aligned} \tag{25}$$

$$\begin{aligned}(-\beta_{3.1} + \beta_{5.1})\, v_{s.3} + \beta_{6.1}\, v_{s.5} + \beta_{7.1}\, v_{s.6} + (-\beta_{3.2} + \beta_{5.2})\, v_{a.3} + \beta_{6.2}\, v_{a.5} + \beta_{7.2}\, v_{a.6} + \\ + [(-\beta^{3.c} + \beta^{5.c} + \beta^{7.c})\, v^c] + [\beta^{5.e} v^e] + [\beta^{6.f} v^f] + [\beta^{7.g} v^g] + w_{\beta.2} = 0\end{aligned} \tag{26}$$

Die beiden Schleifenschlußbedingungen für die Länge ergeben sich analog. Die Schleifenschlußbedingungen werden zweckmäßigerweise so aufgestellt, daß jedes einzelne Teilstück $\Delta B^k, \Delta L^k$ der Schleifenschlußbedingungen Richtungsverbesserungen v_e^i nur aus einem Teilsystem T_i, $i = a, b \ldots g$, enthält. Bei unserem Beispiel wären die Teilstücke der Schleifenschlußbedingungen wohl besser in der in Bild 7 dargestellten Weise gewählt worden.

Nachdem wir nunmehr erläutert haben, in welcher Art wir bei der Anwendung des abgekürzten Eggertschen Verfahrens die gitterförmigen Triangulationssysteme in Teilsysteme zerlegen wollen und welche besondere Form die Identitäts-, Basis-, Azimut- und Schleifenschlußbedingungsgleichungen mit Rücksichtnahme auf die Unterteilung in Teilsysteme haben, können wir uns einer ins einzelne gehenden Formelentwicklung für die Ausgleichung selbst zuwenden. Wir werden sehen, daß es sich nicht empfiehlt, bei der Ausgleichung gitterförmiger Triangulationssysteme das abgekürzte Eggertsche Verfahren genauestens in der Form anzuwenden, wie wir es in [1] angegeben haben. Es empfiehlt sich hier, das abgekürzte Eggertsche Verfahren in gewissem Umfange zu modifizieren und von einer Berechnung vorläufiger Verbesserungen (v' in [1]) abzusehen. Es zeigt sich auch, daß das System der Normalgleichungen der Hauptausgleichung eine besonders vorteilhafte spezielle Gestalt hat, die es gestattet, die Identitätskorrelaten vor der Auflösung der Normalgleichungen der Hauptausgleichung auf relativ einfache Weise zu eliminieren.

Wir wollen die Formelentwicklungen allgemein halten und uns dabei nicht auf das Triangulationssystem in Bild 4 spezialisieren.

Es seien

$$\mathfrak{v}^a, \mathfrak{v}^b, \mathfrak{v}^c, \ldots, \mathfrak{v}^i, \ldots, \mathfrak{v}^r \tag{27}$$

die Spaltenvektoren der Verbesserungen der Horizontalwinkel (Richtungswinkel) in den einzelnen Teilsystemen

$$T_a, T_b, T_c, \ldots, T_i, \ldots, T_r.$$

Also

$$\mathfrak{v}_i = \begin{pmatrix} v_1^i \\ v_2^i \\ \cdots \\ v_{n_i}^i \end{pmatrix} \quad i = a, b, c, \ldots r. \tag{28}$$

n_i ist die Anzahl der Horizontalwinkel (Richtungswinkel) im Teilsystem T_i.

Die geometrischen Bedingungsgleichungen — Dreiecks-, Zentral-, Diagonalbedingungen — eines bestimmten Teilnetzes T_i zeichnen sich dadurch aus, daß sie nur Verbesserungen aus eben diesem Teilsystem T_i enthalten. Verbesserungen aus anderen Teilsystemen T_k, $k \neq i$, kommen bei diesen Bedingungsgleichungen nicht vor.

Alle anderen Bedingungsgleichungen — Basis-, Azimut-, Schleifenschluß-, Identitätsbedingungen und andere — enthalten im allgemeinen Elemente aus mehr als einem Spaltenvektor $\mathfrak{v}^i$ als Verbesserungen. Zur Vereinfachung der Rechnungen ist es natürlich wünschenswert, daß diese zuletzt genannten Bedingungsgleichungen Verbesserungen aus möglichst wenig Teilsystemen enthalten. Dieses läßt sich aber nicht immer erreichen. Zum Beispiel werden in den Schleifenschlußbedingungen aus prinzipiellen Gründen im allgemeinen Elemente aus wenigstens 4 Spaltenvektoren $\mathfrak{v}^i$ vorhanden sein. Wir führen ferner den Spaltenvektor $\mathfrak{v}^s$ ein.

$$\mathfrak{v}^s = \begin{pmatrix} v_1^s \\ v_2^s \\ \cdots \\ v_{n_s}^s \end{pmatrix} \tag{28a}$$

In $\mathfrak{v}^s$ fassen wir alle die Verbesserungen von Beobachtungen zusammen, die keinem der Spaltenvektoren

$$\mathfrak{v}^i;\ i = a, b, \ldots r$$

angehören (Grundlinien, Azimute).

Wir können somit den Bedingungsgleichungen des gesamten Ausgleichungskomplexes folgende Form in der Matrizenschreibweise geben:

$$\mathfrak{D}^a \mathfrak{v}^a + \mathfrak{w}^{d.a} = 0 \qquad (29^a)$$

$$\mathfrak{D}^b \mathfrak{v}^b + \mathfrak{w}^{d.b} = 0 \qquad (29^b)$$

$$\ldots \qquad \ldots$$

$$\mathfrak{D}^i \mathfrak{v}^i + \mathfrak{w}^{d.i} = 0 \qquad (29^i)$$

$$\ldots \qquad \ldots$$

$$\mathfrak{D}^r \mathfrak{v}^r + \mathfrak{w}^{d.r} = 0 \qquad (29^r)$$

$$\mathfrak{H}^a \mathfrak{v}^a + \mathfrak{H}^b \mathfrak{v}^b + \ldots + \mathfrak{H}^i \mathfrak{v}^i + \ldots \mathfrak{H}^{r-1} \mathfrak{v}^{r-1} + \mathfrak{H}^r \mathfrak{v}^r + \mathfrak{H}^s \mathfrak{v}^s + \mathfrak{w}^h = 0 \qquad (29^s)$$

Die in (29^a) bis (29^s) angegebenen Matrizen $\mathfrak{D}^i$, $\mathfrak{H}^i$, $\mathfrak{w}^{d.i}$, $\mathfrak{w}^h$ setzen sich aus folgenden Elementen zusammen:

$$\mathfrak{D}^i = \begin{pmatrix} d^i_{1.1} & d^i_{1.2} & \ldots & d^i_{1.n_i} \\ d^i_{2.1} & d^i_{2.2} & \ldots & d^i_{2.n_i} \\ \ldots & \ldots & \ldots & \ldots \\ d^i_{t_i.1} & d^i_{t_i.2} & \ldots & d^i_{t_i.n_i} \end{pmatrix} \qquad i = a, b, \ldots r \qquad (30)$$

$$\mathfrak{w}^{d.i} = \begin{pmatrix} w^{d.i}_1 \\ w^{d.i}_2 \\ \ldots \\ \ldots \\ w^{d.i}_{t_i} \end{pmatrix} \qquad i = a, b, \ldots, r \qquad (31)$$

$$\mathfrak{H}^i = \begin{pmatrix} h^i_{1.1} & h^i_{1.2} & \ldots & h^i_{1.n_i} \\ h^i_{2.1} & h^i_{2.2} & \ldots & h^i_{2.n_i} \\ \ldots & \ldots & \ldots & \ldots \\ h^i_{u.1} & h^i_{u.2} & \ldots & h^i_{u.n_i} \end{pmatrix} \qquad i = a, b, \ldots, r, s. \qquad (32)$$

$$\mathfrak{w}^h = \begin{pmatrix} w^h_1 \\ w^h_2 \\ \ldots \\ \ldots \\ w^h_u \end{pmatrix} \qquad (33)$$

Die ersten r Gleichungen, (29^a) bis (29^r), sind die geometrischen Bedingungsgleichungen der r voneinander unabhängigen Teilsysteme T_a, $T_b, \ldots, T_r$. $\mathfrak{D}^i$ ist die Koeffizientenmatrix für die geometrischen Bedingungsgleichungen im Teilsystem T_i. n_i ist die Anzahl der Verbesserungen v^i_e im Teilsystem T_i. $\mathfrak{w}^{d.i}$ ist der Spaltenvektor der Widersprüche in den geometrischen Bedingungsgleichungen des Teilsystems T_i. t_i ist die Anzahl der geometrischen Bedingungsgleichungen im Teilnetz T_i. Die Anzahl der Bedingungsgleichungen der Hauptausgleichung ist gleich u.

Die Systeme von Bedingungsgleichungen (29^i) $i = a, b, \ldots, r$ sind voneinander unabhängig. (29^s) ist das System der Bedingungsgleichungen der Hauptausgleichung, einschließlich der Identitätsbedingungen. Die Matrizen $\mathfrak{H}^i$ — $i = a, b, \ldots, r, s$ — sind die Koeffizientenmatrizen. $\mathfrak{w}^h$ ist der Spaltenvektor der Widersprüche der Bedingungsgleichungen der Hauptausgleichung.

Wir unterwerfen nun die gesamten Bedingungsgleichungen (29^a) bis (29^s) der Methode der kleinsten Quadrate:

Die Minimumsbedingung lautet, wenn der Spaltenvektor der Korrelaten $\mathfrak{k}^i$ — $i = a, b, \ldots, r, s$ — ist:

$$(\mathfrak{v}^a)' \mathfrak{v}^a + (\mathfrak{v}^b)' \mathfrak{v}^b + \ldots + (\mathfrak{v}^i)' \mathfrak{v}^i + \ldots + (\mathfrak{v}^r)' \mathfrak{v}^r + (\mathfrak{v}^s)' \mathfrak{v}^s - 2\,(\mathfrak{k}^a)' (\mathfrak{D}^a \mathfrak{v}^a + \mathfrak{w}^{d.a}) -$$
$$- 2\,(\mathfrak{k}^b)' (\mathfrak{D}^b \mathfrak{v}^b + \mathfrak{w}^{d.b}) - \ldots - 2\,(\mathfrak{k}^i)' (\mathfrak{D}^i \mathfrak{v}^i + \mathfrak{w}^{d.i}) - \ldots - 2\,(\mathfrak{k}^r)' (\mathfrak{D}^r \mathfrak{v}^r + \mathfrak{w}^{d.r}) - \qquad (34)$$
$$- 2\,(\mathfrak{k}^s)' (\mathfrak{H}^a \mathfrak{v}^a + \mathfrak{H}^b \mathfrak{v}^b + \ldots + \mathfrak{H}^i \mathfrak{v}^i + \ldots + \mathfrak{H}^{r-1} \mathfrak{v}^{r-1} + \mathfrak{H}^r \mathfrak{v}^r + \mathfrak{H}^s \mathfrak{v}^s + \mathfrak{w}^h) \longrightarrow \text{Minimum}$$

Durch Differentiation erhalten wir aus (34)

$$\frac{\partial(\mathfrak{v}^i)'}{\partial v_e^i}\mathfrak{v}^i + (\mathfrak{v}^i)'\frac{\partial \mathfrak{v}^i}{\partial v_e^i} - 2(\mathfrak{k}^i)'\,\mathfrak{D}^i\frac{\partial \mathfrak{v}^i}{\partial v_e^i} - 2(\mathfrak{k}^s)'\,\mathfrak{H}^i\frac{\partial \mathfrak{v}^i}{\partial v_e^i} = 0 \qquad i = a, b, \ldots r.$$

$$\frac{\partial(\mathfrak{v}^s)'}{\partial v_e^s}\mathfrak{v}^s + (\mathfrak{v}^s)'\frac{\partial \mathfrak{v}^s}{\partial v_e^s} - 2(\mathfrak{k}^s)'\,\mathfrak{H}^s\frac{\partial \mathfrak{v}^s}{\partial v_e^s} = 0 \tag{35}$$

Es ist nach (28)

$$\frac{\partial(\mathfrak{v}^i)'}{\partial v_1^i} = (1, 0, 0, \ldots, 0) = \mathfrak{e}^1$$

$$\frac{\partial(\mathfrak{v}^i)'}{\partial v_2^i} = (0, 1, 0, \ldots, 0) = \mathfrak{e}^2 \tag{36}$$

$$\cdots\cdots\cdots\cdots\cdots\cdots$$

$$\frac{\partial(\mathfrak{v}^i)'}{\partial v_{n_i}^i} = (0, 0, 0, \ldots, 1) = \mathfrak{e}^{n_i}$$

Ferner

$$\frac{\partial \mathfrak{v}^i}{\partial v_1^i} = \begin{pmatrix}1\\0\\0\\\cdots\\0\end{pmatrix} = \mathfrak{e}_1;\ \frac{\partial \mathfrak{v}^i}{\partial v_2^i} = \begin{pmatrix}0\\1\\0\\\cdots\\0\end{pmatrix} = \mathfrak{e}_2;\ldots;\ \frac{\partial \mathfrak{v}^i}{\partial v_{n_i}^i} = \begin{pmatrix}0\\0\\0\\\cdots\\1\end{pmatrix} = \mathfrak{e}_{n_i} \tag{37}$$

Mit (36) und (37) ergibt sich aus (35)

$$\mathfrak{e}^e\mathfrak{v}^i + (\mathfrak{v}^i)'\,\mathfrak{e}_e - 2(\mathfrak{k}^i)'\,\mathfrak{D}^i\mathfrak{e}_e - 2(\mathfrak{k}^s)'\,\mathfrak{H}^i\mathfrak{e}_e = 0 \qquad i = a, b, \ldots r;\quad e = 1, 2, \ldots n_i \tag{38}$$

$$\mathfrak{e}^{\bar e}\mathfrak{v}^s + (\mathfrak{v}^s)'\,\mathfrak{e}_{\bar e} - 2(\mathfrak{k}^s)'\,\mathfrak{H}^s\mathfrak{e}_{\bar e} = 0 \qquad \bar e = 1, 2, \ldots n_s \tag{39}$$

Es ist nun

$$\mathfrak{e}^e\cdot\mathfrak{v}^i = (\mathfrak{v}^i)'\cdot(\mathfrak{e}^e)' = (\mathfrak{v}^i)'\cdot\mathfrak{e}_e \tag{40}$$

So erhalten wir

$$(\mathfrak{v}^i)'\,\mathfrak{e}_e = (\mathfrak{k}^i)'\,\mathfrak{D}^i\mathfrak{e}_e + (\mathfrak{k}^s)'\,\mathfrak{H}^i\mathfrak{e}_e \qquad i = a, b, \ldots r \tag{41}$$

$$(\mathfrak{v}^s)'\,\mathfrak{e}_{\bar e} = (\mathfrak{k}^s)'\,\mathfrak{H}^s\mathfrak{e}_{\bar e} \tag{42}$$

Aus (41) und (42) ergibt sich

$$(\mathfrak{v}^i)' = (\mathfrak{k}^i)'\,\mathfrak{D}^i + (\mathfrak{k}^s)'\,\mathfrak{H}^i \qquad i = a, b, \ldots r \tag{43}$$

$$(\mathfrak{v}^s)' = (\mathfrak{k}^s)'\,\mathfrak{H}^s \tag{44}$$

und weiter

$$\mathfrak{v}^i = (\mathfrak{D}^i)'\,\mathfrak{k}^i + (\mathfrak{H}^i)'\,\mathfrak{k}^s \qquad i = a, b, \ldots r \tag{45}$$

$$\mathfrak{v}^s = (\mathfrak{H}^s)'\,\mathfrak{k}^s \tag{46}$$

Die Korrelatengleichungen (45) und (46) setzen wir in die Bedingungsgleichungen (29^a) bis (29^s) ein, und wir erhalten die Normalgleichungen:

$$\mathfrak{D}^a(\mathfrak{D}^a)'\,\mathfrak{k}^a + \mathfrak{D}^a(\mathfrak{H}^a)'\,\mathfrak{k}^s + \mathfrak{w}^{d.a} = 0 \tag{47^a}$$

$$\mathfrak{D}^b(\mathfrak{D}^b)'\,\mathfrak{k}^b + \mathfrak{D}^b(\mathfrak{H}^b)'\,\mathfrak{k}^s + \mathfrak{w}^{d.b} = 0 \tag{47^b}$$

$$\cdots\quad\cdots\quad\cdots$$

$$\mathfrak{D}^i(\mathfrak{D}^i)'\,\mathfrak{k}^i + \mathfrak{D}^i(\mathfrak{H}^i)'\,\mathfrak{k}^s + \mathfrak{w}^{d.i} = 0 \tag{47^i}$$

$$\cdots\quad\cdots\quad\cdots$$

$$\mathfrak{D}^r(\mathfrak{D}^r)'\,\mathfrak{k}^r + \mathfrak{D}^r(\mathfrak{H}^r)'\,\mathfrak{k}^s + \mathfrak{w}^{d.r} = 0 \tag{47^r}$$

$$\mathfrak{H}^a(\mathfrak{D}^a)'\,\mathfrak{k}^a + \mathfrak{H}^b(\mathfrak{D}^b)'\,\mathfrak{k}^b + \ldots + \mathfrak{H}^i(\mathfrak{D}^i)'\,\mathfrak{k}^i + \ldots + \mathfrak{H}^{r-1}(\mathfrak{D}^{r-1})'\,\mathfrak{k}^{r-1} + \mathfrak{H}^r(\mathfrak{D}^r)'\,\mathfrak{k}^r +$$
$$+ \{\mathfrak{H}^a(\mathfrak{H}^a)' + \mathfrak{H}^b(\mathfrak{H}^b)' + \ldots + \mathfrak{H}^i(\mathfrak{H}^i)' + \ldots + \mathfrak{H}^{r-1}(\mathfrak{H}^{r-1})' + \mathfrak{H}^r(\mathfrak{H}^r)' + \mathfrak{H}^s(\mathfrak{H}^s)'\}\,\mathfrak{k}^s + \mathfrak{w}^h = 0 \tag{47^s}$$

Wir eliminieren die Korrelatenvektoren

$$\mathfrak{k}^i \qquad i = a, b, \ldots, r$$

in Gleichung (47^s) mit Hilfe der Gleichungen (47^a) bis (47^r). Dazu multiplizieren wir zunächst die Gleichungen (47^a) bis (47^r) mit den Kehrmatrizen

$$\{\mathfrak{D}^i(\mathfrak{D}^i)'\}^{-1} \qquad i = a, b, \ldots, r$$

und wir erhalten:

$$
\begin{aligned}
\mathfrak{k}^a &= -\ \{\mathfrak{D}^a(\mathfrak{D}^a)'\}^{-1}\,\mathfrak{D}^a(\mathfrak{H}^a)'\mathfrak{k}^s - \{\mathfrak{D}^a(\mathfrak{D}^a)'\}^{-1}\,\mathfrak{w}^{d.a}\\
\mathfrak{k}^b &= -\ \{\mathfrak{D}^b(\mathfrak{D}^b)'\}^{-1}\,\mathfrak{D}^b(\mathfrak{H}^b)'\mathfrak{k}^s - \{\mathfrak{D}^b(\mathfrak{D}^b)'\}^{-1}\,\mathfrak{w}^{d.b}\\
&\quad \dots\dots \quad \dots\dots \quad \dots\dots \quad \dots\dots\\
\mathfrak{k}^i &= -\ \{\mathfrak{D}^i(\mathfrak{D}^i)'\}^{-1}\,\mathfrak{D}^i(\mathfrak{H}^i)'\,\mathfrak{k}^s - \{\mathfrak{D}^i(\mathfrak{D}^i)'\}^{-1}\,\mathfrak{w}^{d.i}\\
&\quad \dots\dots \quad \dots\dots \quad \dots\dots \quad \dots\dots\\
\mathfrak{k}^r &= -\ \{\mathfrak{D}^r(\mathfrak{D}^r)'\}^{-1}\,\mathfrak{D}^r(\mathfrak{H}^r)'\,\mathfrak{k}^s - \{\mathfrak{D}^r(\mathfrak{D}^r)'\}^{-1}\,\mathfrak{w}^{d.r}
\end{aligned}
\qquad (48)
$$

Diese Gleichungen führen wir in das System der Normalgleichungen der Hauptausgleichung (47^s) ein und erhalten:

$$
\begin{aligned}
&[\mathfrak{H}^a(\mathfrak{H}^a)' - \mathfrak{H}^a(\mathfrak{D}^a)'\ \{\mathfrak{D}^a(\mathfrak{D}^a)'\}^{-1}\,\mathfrak{D}^a(\mathfrak{H}^a)' +\\
&+ \mathfrak{H}^b(\mathfrak{H}^b)' - \mathfrak{H}^b(\mathfrak{D}^b)'\ \{\mathfrak{D}^b(\mathfrak{D}^b)'\}^{-1}\,\mathfrak{D}^b(\mathfrak{H}^b)' +\\
&+ \quad \dots \qquad \dots \qquad \dots\\
&+ \mathfrak{H}^i(\mathfrak{H}^i)' - \mathfrak{H}^i(\mathfrak{D}^i)'\ \{\mathfrak{D}^i(\mathfrak{D}^i)'\}^{-1}\,\mathfrak{D}^i(\mathfrak{H}^i)' +\\
&+ \quad \dots \qquad \dots \qquad \dots\\
&+ \mathfrak{H}^r(\mathfrak{H}^r)' - \mathfrak{H}^r(\mathfrak{D}^r)'\ \{\mathfrak{D}^r(\mathfrak{D}^r)'\}^{-1}\,\mathfrak{D}^r(\mathfrak{H}^r)' +\\
&+ \mathfrak{H}^s(\mathfrak{H}^s)' \qquad\qquad\qquad\qquad]\,\mathfrak{k}^s\\
&+ [\mathfrak{w}^h - \mathfrak{H}^a(\mathfrak{D}^a)'\ \{\mathfrak{D}^a(\mathfrak{D}^a)'\}^{-1}\,\mathfrak{w}^{d.a}\\
&\qquad - \mathfrak{H}^b(\mathfrak{D}^b)'\ \{\mathfrak{D}^b(\mathfrak{D}^b)'\}^{-1}\,\mathfrak{w}^{d.b}\\
&\qquad\quad \dots\dots \qquad \dots\dots\\
&\qquad - \mathfrak{H}^i(\mathfrak{D}^i)'\ \{\mathfrak{D}^i(\mathfrak{D}^i)'\}^{-1}\,\mathfrak{w}^{d.i}\\
&\qquad\quad \dots\dots \qquad \dots\dots\\
&\qquad - \mathfrak{H}^r(\mathfrak{D}^r)'\ \{\mathfrak{D}^r(\mathfrak{D}^r)'\}^{-1}\,\mathfrak{w}^{d.r}] = 0
\end{aligned}
\qquad (49)
$$

Die Matrix

$$\mathfrak{H}^i(\mathfrak{H}^i)' - \mathfrak{H}^i(\mathfrak{D}^i)'\ \{\mathfrak{D}^i(\mathfrak{D}^i)'\}^{-1}\,\mathfrak{D}^i(\mathfrak{H}^i)' = \mathfrak{G}^i \qquad (50)$$

$$i = a, b, \dots r$$

ist bekanntlich die Matrix der Gewichtskoeffizienten der linearen Entwicklungen

$$\mathfrak{H}^i\mathfrak{v}^i$$

in der Gleichung (29^s) nach der Ausgleichung nur des Systems (29^i), also nur der geometrischen Netzbedingungen des Teilsystems T_i.

$\mathfrak{G}^i$ läßt sich bekanntlich auf zwei verschiedenen Wegen berechnen:

a) Gewichtsberechnung bei der Reduktion der Normalgleichungen nach dem Gaußschen Algorithmus

Man nimmt das System

$$\mathfrak{H}^i\mathfrak{v}^i$$

als zusätzliche fingierte Bedingungsgleichung im Anschluß an das System

$$\mathfrak{D}^i\mathfrak{v}^i + \mathfrak{w}^{d.i} = 0 \qquad (29^i)$$

mit hinzu und die Reduktion der erhaltenen Normalgleichungen wird t_i-mal ausgeführt. t_i ist die Anzahl der Elemente von $\mathfrak{w}^{d.i}$.

(Vgl. [4], §§ 31, 32, 33; [7], S. 29 ...)

b) Gewichtsberechnung bei der Ausgleichung nach dem Boltzschen Entwicklungsverfahren

Die numerischen Werte der Elemente der Kehrmatrizen

$$\{\mathfrak{D}^i(\mathfrak{D}^i)'\}^{-1}$$

werden berechnet oder einer der vorhandenen Tafeln entnommen (vgl. [5], S. 55).

Man berechnet ferner die Elemente der Matrizen

$$\mathfrak{H}^i (\mathfrak{H}^i)' \qquad ; \qquad \mathfrak{H}^i (\mathfrak{D}^i)'$$

welche auch bei der Rechnung nach a) benötigt werden. So erhält man nach Gleichung (50) die gesuchte Matrix $\mathfrak{G}^i$. ([6], S. 100, [7], S. 29 . . .)

Der Spaltenvektor in (49)

$$-\,\mathfrak{H}^i(\mathfrak{D}^i)'\,\{\mathfrak{D}^i(\mathfrak{D}^i)'\}^{-1}\,\mathfrak{w}^{d,i} = \overline{\mathfrak{w}}^i \qquad i = a, b, \ldots r \tag{51}$$

läßt sich ebenfalls analog wie die Matrix $\mathfrak{G}^i$ auf den beiden Wegen a) und b) errechnen.

Mit (50) und (51) erhalten wir somit aus (49) folgende Normalgleichungen der Hauptausgleichung

$$\left[\mathfrak{H}^s(\mathfrak{H}^s)' + \sum_{i=a}^{r} \mathfrak{G}^i\right] \mathfrak{k}^s + \left[\mathfrak{w}^h + \sum_{i=a}^{r} \overline{\mathfrak{w}}^i\right] = 0 \tag{52}$$

Die Normalgleichungsmatrix der Hauptausgleichung ergibt sich also nach (52) durch eine (rechentechnisch sehr einfache) Addition mehrerer Matrizen. Man errechnet dabei die Produktmatrix $\mathfrak{H}^s(\mathfrak{H}^s)'$ aus der Matrix $\mathfrak{H}^s$, Gleichung (32), nach der Gaußschen Transformation. $\mathfrak{w}^h$ errechnen wir aus den ursprünglichen Beobachtungen.

Wir wollen besonders darauf hinweisen, daß wir die voneinander unabhängigen Teilsysteme T_i nicht einer vorläufigen Ausgleichung im Sinne des Krügerschen Zweigruppenverfahrens unterwerfen und daß wir keine vorläufigen Korrelatenwerte und keine vorläufigen Verbesserungen berechnen, sondern die Widersprüche der Normalgleichungen der Hauptausgleichung nach (52) mit (51) berechnen.

Die Normalgleichungen der Hauptausgleichung (52) enthalten nicht mehr die Korrelaten der geometrischen Bedingungen der Teilsysteme, sondern im wesentlichen die Identitätskorrelaten und die Korrelaten der Basis-, Azimut- und Schleifenschlußbedingungen.

Die Ausgleichung gitterförmiger Triangulationssysteme nach dem abgekürzten Eggertschen Verfahren hat den besonderen Vorteil, daß die Identitätskorrelaten sich auf einfache Weise eliminieren lassen. Wir sondern dazu bei den Normalgleichungen der Hauptausgleichung nach (52) die auf die Identitätsbedingungen bezüglichen Gleichungen ab und teilen sie in Gruppen Γ_ν ($\nu = 1, 2 \ldots$) ein, derart, daß in einer Gruppe Γ_ν nur solche Identitätskorrelaten beim Hauptdiagonalglied stehen, die derselben Verknotungsstelle angehörig sind. Wir erkennen dann ferner, wie aus dem folgenden Beispiel im Kapital 3 ersichtlich ist, daß in einer Gruppe Γ_ν praktisch nur die Identitätskorrelaten eben dieser einen Verknotungsstelle vorhanden sind. Die Identitätsbedingungen verschiedener Verknotungsstellen sind also nach der Ausgleichung der Teilsysteme genähert „Freie Funktionen".

Die Normalgleichungen der Hauptausgleichung haben folglich eine ganz spezielle Form, die prinzipiell gleich ist der des Normalgleichungssystems (47^a) bis (47^s).

Wir haben folgende Analogien:

Die Systeme (47^i) — $i = a, b, \ldots r$ — entsprechen den Systemen von Normalgleichungen in der Hauptausgleichung für die Identitätskorrelaten einer bestimmten Verknotungsstelle. Die den Gleichungen (47^s) entsprechenden Normalgleichungen beziehen sich im wesentlichen auf die Basis-, Azimut- und Schleifenschlußbedingungen.

Auf analoge Weise, wie wir vom Gleichungssystem (47) zum System (52) gekommen sind, kommen wir nun zum Normalgleichungssystem der „eigentlichen Hauptausgleichung", welches nicht mehr die Identitätskorrelaten, sondern im wesentlichen nur noch die Korrelaten der Basis-, Azimut- und Schleifenschlußbedingungen enthält.

Bei der „eigentlichen Hauptausgleichung" überwiegen die in der Hauptdiagonalen stehenden Glieder (vgl. Tafel 18), so daß nicht nur die Reduktion nach dem Gaußschen Algorithmus, sondern auch die Auflösung nach einem Iterationsverfahren in Frage kommt. Aus den Normalgleichungen der „eigentlichen Hauptausgleichung" erhalten wir die Korrelaten der „eigentlichen Hauptausgleichung".

Setzen wir die Korrelaten der „eigentlichen Hauptausgleichung" in die Gleichungsgruppen Γ_ν für die Identitätskorrelaten ein, so erhalten wir die Korrelaten der Identitätsbedingungen. Die

Korrelaten der „eigentlichen Hauptausgleichung" und die Identitätskorrelaten zusammen sind die Elemente des Korrelatenvektors

$$\mathfrak{k}^s$$

Setzen wir den nunmehr bekannten Vektor $\mathfrak{k}^s$ in die Gleichungen (47^a) bis (47^r) ein (Normalgleichungen der Teilsysteme T_i), so erhalten wir die restlichen Korrelatenvektoren

$$\mathfrak{k}^i, \qquad i = a, b, \ldots r$$

Setzen wir die Vektoren

$$\mathfrak{k}^i, \qquad i = a, b, \ldots r, s$$

in die Korrelatengleichungen (45) und (46) ein, so ergeben sich schließlich die Verbesserungen.

Das im folgenden angegebene Beispiel soll den Gang der numerischen Berechnungen veranschaulichen.

3. Kapitel: Numerisches Beispiel

Nach dem angegebenen Verfahren wollen wir eine Ausgleichung des in Bild 4 dargestellten gitterförmigen Triangulationssystems durchführen. Die Einteilung dieses Systems in Teilsysteme $T_a, T_b, \ldots, T_g$ und die Art der Berechnung der Schleifenschlußbedingungen ist bereits a. a. O. erläutert worden.

Es sollen zunächst einzelne in diesem Beispiel auftretende Symbole erklärt werden.

$\Gamma_{\nu,\mu}$ bezeichnet, wie bereits früher dargelegt wurde, die lfd. Numerierung der Identitätsbedingungsgleichungen. Auch die in der „eigentlichen Hauptausgleichung" auftretenden Bedingungsgleichungen erhielten eine (kursiv gedruckte) lfd. Numerierung, die schon früher erläutert wurde: Die Azimutbedingungen haben die Nummern *1* bis *7*, die Basisbedingungen die Nummern *8* bis *14* und die Schleifenschlußbedingungen die Nummern *16* bis *19*. Es bleibt noch übrig festzustellen, daß die aus den Dreiecken 1, 2, 3, 4 des Teilnetzes T_d und den Dreiecken 8, 9, 10 des Teilnetzes T_c gebildete Zentralbedingung die lfd. Nummer *15* erhielt. Die Spalte der Widersprüche bekam schließlich die lfd. Nummer *20*.

Wir geben zunächst die umgeformten — mit $\sqrt{\frac{1}{p}}$ multiplizierten — Bedingungsgleichungen der Teilsysteme T_a und T_b an (Tafel 1 und 2). Die Bedingungsgleichungen sind vertikal zu lesen. Es handelt sich also um die Matrizen $\mathfrak{D}^a$ und $\mathfrak{D}^b$, Gleichung (29^a) und (29^b). Im Anschluß an die Bedingungsgleichungen haben wir in den Tafeln 1 und 2 die Teile der Bedingungsgleichungen der Hauptausgleichung (Identitäts-, Azimut-, Basisbedingungen u. a.) wiedergegeben, die in den Teilnetzen T_a bzw. T_b vorkommen. Es sind dies also die Matrizen $\mathfrak{H}^a$ bzw. $\mathfrak{H}^b$ in Gleichung (29^s).

Die mit Σ bezeichnete Zeile und Spalte enthält die zu Kontrollen berechneten Summen der Spalten und Zeilen. Die Tafeln 1 und 2 enthalten ganz links die Gewichte p und $\sqrt{\frac{1}{p}}$ bezüglich der Beobachtungen.

Die übrigen Angaben in den Tafeln 1 und 2 werden später erläutert.

Die Bedingungsgleichungen der Teilnetze $T_c, T_d, \ldots, T_g$ haben wir nicht angegeben, weil diese sich ganz analog wie die der Teilsysteme T_a und T_b ergeben.

Von Bedeutung ist ferner die in Tafel 3 angegebene Matrix $\mathfrak{H}^s$ [Gleichung (29^s)], weil sie die Teile der Bedingungsgleichungen der „eigentlichen Hauptausgleichung" enthält, die sich nicht auf Beobachtungen der Teilsysteme beziehen. Die Matrix $\mathfrak{H}^s$ besteht aus den umgeformten (mit $\sqrt{\frac{1}{p}}$ multiplizierten) Koeffizienten bei den Verbesserungen der Grundlinien und Azimute.

In den Tafeln 4 bis 10 haben wir die für die Berechnung der Normalgleichungen der Hauptausgleichung nach (52) wichtigen Matrizen

$$\mathfrak{G}^i \text{ und } \overline{\mathfrak{w}}^i \qquad i = a, b, \ldots r$$

angegeben.

Für das Teilnetz T_a (Tafel 4) haben wir dabei den Rechengang ausführlicher erläutert.

Die Matrizen $\mathfrak{G}^i$ und $\overline{\mathfrak{w}}^i$ wurden nach dem Schema für die Gewichtsberechnung bei dem „modernisierten Gaußschen Algorithmus" ermittelt.

Die Matrizen $\mathfrak{G}^i$ und $\overline{\mathfrak{w}}^i$ hätten wir wohl etwas einfacher aus den Kehrmatrizen $\{\mathfrak{D}^i(\mathfrak{D}^i)'\}^{-1}$ mit den Rechenvorschriften für die Gewichtsberechnung beim Boltzschen Entwicklungsverfahren erhalten. Weil in dem behandelten Beispiel die Teilsysteme einfache Dreiecksketten sind, ergeben sich die Kehrmatrizen $\{\mathfrak{D}^i(\mathfrak{D}^i)'\}^{-1}$ auf Grund des Hinweises von Jenne — [5], S. 55 — sehr einfach aus den Boltzschen Tafeln für die Kehrmatrizen der Normalgleichungen der Kranzsysteme bei gleichgewichtigen Beobachtungen. Bei den übrigen Teilnetzen T_b bis T_g (Tafel 5 bis 10) begnügten wir uns nur mit der Angabe der Ergebnisse.

Die Tafeln 11 bis 16 enthalten den Prozeß der Elimination der Identitätskorrelaten für die sechs Verknotungsstellen

$$\Gamma_\nu \quad \nu = 1, 2, 3 \ldots 6.$$

Die Reduktion in den Tafeln 11 bis 16 erfolgte immer nach dem ,,modernisierten Gaußschen Algorithmus''.

Wir wollen diesen Eliminationsprozeß an Hand der Tafel 13 näher erläutern. Es werden hier die Identitätskorrelaten der Verknotungsstelle Γ_3 (vgl. Bild 4) zwischen den Teilnetzen T_e und T_f — also die Korrelaten der Identitätsbedingungen $\Gamma_{3.1}$ und $\Gamma_{3.2}$ — eliminiert. In Tafel 13 erhielten wir die obersten Zeilen in den mit $\Gamma_{3.1}$ und $\Gamma_{3.2}$ bezeichneten Abschnitten durch Addition der folgenden beiden Zeilen:

a) Die mit $\Gamma_{3.1}$ bzw. $\Gamma_{3.2}$ bezeichnete Zeile in der Matrix $\mathfrak{G}^e$ und $\bar{\mathfrak{w}}^e$ in Tafel 8,

b) Die mit $\Gamma_{3.1}$ bzw. $\Gamma_{3.2}$ bezeichnete Zeile in der Matrix $\mathfrak{G}^f$ und $\bar{\mathfrak{w}}^f$ in Tafel 9.

Die Elemente der ersten Zeile ($\Gamma_{3.1}$) in der Tafel 13 werden also folgendermaßen erhalten:

+ 2,8944	=	+ 1,4472	+ 1,4472	$\Gamma_{3.1}$
+ 1,1056	=	+ 0,5528	+ 0,5528	$\Gamma_{3.2}$
+ 1,2000	=	0	+ 1,2000	4
+ 0,2214	=	0	+ 0,2214	11
— 0,9380	=	— 0,8852	— 0,0528	18
...		...	...	...
+ 0,1373	=	+ 0,0423	+ 0,0950	20

Analog ergibt sich die erste der unter $\Gamma_{3.2}$ stehenden Zeilen in der Tafel 13. Hierbei werden immer die Summenproben gerechnet. Aus diesen beiden Zeilen, nämlich den jeweils ersten unter $\Gamma_{3.1}$ und $\Gamma_{3.2}$ stehenden in Tafel 13, wurde das gesamte in Tafel 13 stehende System gebildet, indem zweimal nach dem modernisierten Gaußschen Algorithmus reduziert wurde und dann für die in den Spalten unter 4, 11, 18, 19, 7, 14, 20 stehenden Entwicklungen die Gewichtskoffizienten berechnet wurden.

Tafel 17 enthält die Matrizen $\mathfrak{H}^s (\mathfrak{H}^s)'$ und $\mathfrak{w}^h$. Die Matrix $\mathfrak{H}^s (\mathfrak{H}^s)'$ wurde aus der Matrix $\mathfrak{H}^s$ in der Tafel 3 gebildet. Der Spaltenvektor $\mathfrak{w}^h$ (Spalte 20 in Tafel 17) enthält die Widersprüche der Bedingungsgleichungen der ,,eigentlichen Hauptausgleichung''.

Wir kommen nun zu den Normalgleichungen der ,,eigentlichen Hauptausgleichung'' (Tafel 18), die sich ebenfalls durch Matrizenadditionen ergeben. Wir ziehen dabei alle Tafeln 4 bis 17 hinzu und addieren die bisher noch nicht verwendeten Zeilen mit der lfd. Nummer 1 bis 19. Diese Zeilen enthalten die in den Spalten 1 bis 19 angegebenen Teilglieder der Normalgleichungen der ,,eigentlichen Hauptausgleichung'' und die in der Spalte 20 zu findenden ,,reduzierten Widersprüche''.

Auf diesem Wege erhalten wir die erste Zahl der ersten Zeile des in Tafel 18 stehenden Systems folgendermaßen aus den Tafeln 4, 5, 11, 12, 16, 17:

$$+ 8{,}7590 = + 4{,}3560 + 2{,}2563 - 2{,}0012 + 0 - 0{,}6893 + 4{,}8372$$

und die in der Spalte 20 stehende Zahl der letzten, 19ten Zeile der Tafel 18 aus den Tafeln 6, 8, 9, 10, 12, 13, 14, 15, 17:

$$- 1{,}2876 = + 0{,}0523 - 0{,}0180 - 0{,}7182 - 1{,}1863 + 0{,}6263 - 0{,}1156 + 0{,}3895 - 0{,}2276 - 0{,}0900$$

Auch bei der Aufstellung der Normalgleichungen der ,,eigentlichen Hauptausgleichung'' hat man immer durch die Zeilensummen eine Summenprobe.

Nachdem wir in der Tafel 18 die Normalgleichungen der ,,eigentlichen Hauptausgleichung'' aufgestellt haben, reduzieren wir diese und berechnen dann die Korrelaten der ,,eigentlichen Hauptausgleichung''. Ist das System der Normalgleichungen der Hauptausgleichung sehr groß, so wird sich eine iterative Auflösung empfehlen, weil die Elemente in der Hauptdiagonalen überwiegen. Die numerischen Werte der Korrelaten haben wir als jeweils unterste Zahl in den Spalten 1 bis 20 der Tafel 18 angegeben. Wir setzen nun die Korrelaten der ,,eigentlichen Hauptausgleichung'' in die Systeme der Tafeln 11 bis 16 ein und erhalten so die Identitätskorrelaten, deren numerische Werte in den Tafeln 11 bis 16 als unterste Zahl in den mit $\Gamma_{\nu.\mu}$ überschriebenen Spalten zu finden sind.

Die Berechnung der Korrelaten der Bedingungen der Teilsysteme haben wir nur für das Teilnetz T_a in der Tafel 4 erläutert. Durch Einsetzen der Identitätskorrelaten und der Korrelaten der „eigentlichen Hauptausgleichung" in die reduzierten Normalgleichungen ergeben sich die Korrelaten der Dreiecksbedingungen des Teilnetzes T_a.

Somit sind die numerischen Werte aller Korrelaten bekannt. Es ergibt sich noch eine durchgreifende Probe für die Erfüllung der ursprünglichen Normalgleichungen, die sich auf die Identitätsbedingungen $\Gamma_{\nu,\mu}$ und auf die Bedingungen der „eigentlichen Hauptausgleichung" beziehen.

In der Tafel 4 sind im Anschluß an die eigentlichen Bedingungen des Teilnetzes T_a (7 Dreiecksbedingungen) die Anteile des Teilnetzes T_a an den Identitätsbedingungen $\Gamma_{\nu,\mu}$ und an den Bedingungen 1 bis 19 der „eigentlichen Hauptausgleichung" angegeben. Wir setzen nun die Korrelaten in diese (nicht reduzierten) Anteile ein und erhalten die Zahlen der letzten mit Ω überschriebenen Spalte in Tafel 4.

Es ist also z. B. der erste Wert in Tafel 4 gleich:

$$(+ 2{,}0 \times - 0{,}3816) + (+ 2{,}0 \times + 0{,}3367) + (+ 0{,}8542 \times - 0{,}0237) + (- 1{,}0628 \times \\ \times + 0{,}0345) + (- 0{,}9195 \times + 0{,}0031) = - 0{,}1496.$$

So verfahren wir bei allen Teilsystemen T_a bis T_g und auch bei dem in Tafel 17 dargestellten System. Die Addition der derselben Bedingungsgleichung angehörigen Glieder der verschiedenen Spalten Ω bei den Teilsystemen T_a bis T_g und bei dem System der Tafel 17 ergibt, wenn die ursprünglichen (nicht reduzierten) Normalgleichungen von den Korrelaten erfüllt werden sollen, genau Null.

Nachdem wir alle Korrelaten errechnet und ihre Richtigkeit durch Einsetzen in die ursprünglichen Normalgleichungen geprüft haben, gehen wir zur Berechnung der Verbesserungen aus den Korrelatengleichungen über.

In den Systemen von Bedingungsgleichungen bzw. Korrelatengleichungen für die Teilnetze T_a und T_b (Tafel 1 und 2) haben wir in der ersten Zeile die Korrelaten angegeben. So erhielten wir auf dem bekannten Wege aus den Korrelatengleichungen die Verbesserungen ($v \cdot \sqrt{p}$, v), die in den Tafeln 1 und 2 ganz rechts angegeben sind.

Zum Zwecke der Schaffung einer Kontrolle setzten wir in den Tafeln 1 und 2 die Verbesserungen in die Bedingungsgleichungen ein, und zwar auch in die Anteile, die das Teilnetz T_a bzw. T_b an den Identitätsbedingungen und an den Bedingungsgleichungen der „eigentlichen Hauptausgleichung" hat. So erhielten wir die Werte der untersten Zeile Ω in den Tafeln 1 und 2. Die ersten 7 Zahlen in der Ω-Zeile müssen gleich Null sein, weil die Widersprüche der Dreiecksbedingungen nach der Ausgleichung getilgt sein müssen. Man erkennt, daß die verbleibenden Widersprüche in den Dreiecksbedingungen bei weitem genügend klein sind. Ihr größter Wert ist 0″,0005.

Die aus den Hauptbedingungen errechneten Werte der Ω-Zeile sind nicht gleich Null. Zum Beispiel sind diese in der Tafel 1 erscheinenden Werte gleich den entsprechenden in der Ω-Spalte in der Tafel 4. Analoges gilt für die anderen Teilnetze.

Aus dem System der Tafel 3 ergeben sich die Verbesserungen für die Azimute und Grundlinien.

In der Ω-Zeile der Tafel 3 und der Ω-Spalte der Tafel 17 unterscheiden sich die einander entsprechenden Zahlen um die Widersprüche der Bedingungsgleichungen der „eigentlichen Hauptausgleichung" (d. h. um die Elemente des Spaltenvektors $\mathfrak{w}^h$).

Bei der die gesamte Ausgleichung beendenden Schlußprobe werden die ausgeglichenen Beobachtungen in die Bedingungsgleichungen eingesetzt. Es darf dabei kein Widerspruch verbleiben.

Der größte, sich hierbei ergebende Schlußfehler der Dreiecksbedingungen betrug nur 0″,002.

Bei den Azimutbedingungen ergab sich als größter Schlußfehler 0″,006 und bei den Basisbedingungen 3 Einheiten der 8ten Dezimale.

Besonders interessant dürften die 4 Schleifenschlußfehler sein. Wir erhielten für die östliche Schleife

in Breite: — 0″,0005 $\cong$ — 1,5 cm
in Länge: — 0″,0008 $\cong$ — 1,6 cm

und für die westliche Schleife:

in Breite: — 0″,0006 $\cong$ — 1,8 cm
in Länge: — 0″,0002 $\cong$ — 0,4 cm.

Literaturverzeichnis

1. ARNOLD, K.: Das abgekürzte Eggertsche Verfahren zum Ausgleichen großer geodätischer Systeme nach der Methode der kleinsten Quadrate. Veröff. d. Geod. Inst. Potsdam d. Deutsch. Akad. d. Wiss. z. Berlin, Nr. 7, 1955.

2. ADAMS, O. S.: Application of the theory of least squares to the adjustment of triangulation. U. S. Coast and Geodetic Survey. Special Publication No. 28, 1915.

3. BOLTZ, H., Formeln und Tafeln zur numerischen Berechnung geographischer Koordinaten aus den Richtungen und Längen der Dreiecksseiten erster Ordnung. Veröff. d. Geod. Inst. Potsdam, Neue Folge Nr. 110, Potsdam 1942.

4. GROSSMANN, W.: Grundzüge der Ausgleichungsrechnung. Springer-Verlag 1954.

5. FRIEDRICH, K., u. JENNE, W.: Geometrisch — anschauliche Auflösung linearer mit Nullkoeffizienten ausgestatteter Gleichungssysteme. Veröff. d. Geod. Inst. Potsdam bei der Deutsch. Akad. d. Wiss. zu Berlin, Nr. 5, 1951.

6. BOLTZ, H.: Entwicklungsverfahren ... Veröff. d. Pr. Geod. Inst. Potsdam, Neue Folge 90, 1923.

7. GOTTHARDT, E.: Ableitung der Grundformeln der Ausgleichungsrechnung mit Hilfe der Matrizenrechnung. Deutsche Geod. Komm. bei der Bayrischen Akad. d. Wiss. Reihe A, Nr. 4, 1952.

8. GOTTHARDT, E.: Kritische Betrachtungen zur Ausgleichung insbesondere der von Dreiecksketten und -netzen. Deutsche Geod. Komm. Reihe A, Nr. 7, 1953.

9. ASPLUND, L.: Über einige Methoden für die Ausgleichung großer Dreiecksnetze. Stockholm 1945.

10. JENNE, W.: Kettenbruchformeln und Korrelatentabellen ... Veröff. d. Preuß. Geod. Inst. Potsdam, Neue Folge Nr. 107.

Berechnung der Koeffizienten $\overline{B}$, $\overline{\overline{B}}$, $\overline{L}$, $\overline{\overline{L}}$ für die Schleifenschlußbedingung im Teilnetz T_b:

		$P_8 \longrightarrow P_6$	$P_6 \longrightarrow P_3$	$P_3 \longrightarrow P_1$
1	$+u$	— 0,08616	+ 0,16550	+ 0,31950
2	b_1	+3236,8	+3236,9	+3236,8
3	$-v$	— 0,65856	— 0,59552	— 0,55393
4	v^2	+ 0,43371	+ 0,35465	+ 0,30684
5	$2b_2$	— 60,8	— 60,8	— 60,8
6	uv	— 0,05674	+ 0,09856	+ 0,17698
7	v	+ 0,65856	+ 0,59552	+ 0,55393
8	l_1	+5039,5	+5031,0	+5046,3
9	u	— 0,08616	+ 0,16550	+ 0,31950
10	$2uv$	— 0,11348	+ 0,19712	+ 0,35396
11	l_2	+ 94,6	+ 94,1	+ 94,9
12	u^2-v^2	— 0,42629	— 0,32726	— 0,20476
$(2\cdot1+5\cdot4)\cdot13$	$\overline{B}$	— 0,14799	+ 0,24926	+ 0,49234
$(2\cdot3+5\cdot6)\cdot13$	$\overline{\overline{B}}$	— 1,03177	— 0,93745	— 0,87447
$(8\cdot7+11\cdot10)\cdot13$	$\overline{L}$	+ 1,60380	+ 1,46152	+ 1,37148
$(8\cdot9+11\cdot12)\cdot13$	$\overline{\overline{L}}$	— 0,23006	+ 0,38874	+ 0,77227

$$13 = \frac{100}{\varrho''} = 0{,}0004848132$$

Anlage 1

Pkt.	$\overline{B}$ 1	$\overline{\overline{B}}$ 2	$\overline{L}$ 3	$\overline{\overline{L}}$ 4	$\Delta\alpha$ 5	$-\Delta\beta$ 6	$\Sigma\overline{B}$ 7	$\Sigma\overline{L}$ 8	$\Delta\alpha\Sigma\overline{B}$ 9	v_α 10	$\Delta\alpha\Sigma\overline{L}$ 11	$-\Delta\beta\Sigma\overline{B}$ 12	v_β 13	$-\Delta\beta\Sigma\overline{L}$ 14	$\Sigma\overline{\overline{B}}$ 15	ΔA 16	$\Sigma\overline{\overline{L}}$ 17
8	−0,1480	−1,0318	+1,6038	−0,2301	+4,3312 +0,1528 +0,2978	 −0,6466 −0,7267	+0,5936	+4,4368	+2,5710 +0,0907 +0,1768	+ S_3 30−29 24−23	+19,2167 + 0,6779 + 1,3213	 −0,3838 −0,4314	 23−22 21−20	 −2,8688 −3,2242	−2,8437	+ A_3 26−28	+0,9309
Σ					+4,7818	−1,3733			+2,8385		+21,2159	−0,8152		−6,0930			
6	+0,2493	−0,9374	+1,4615	+0,3887	+0,7648 +0,6506 +0,7774	−0,2978 −0,6816 −0,9828	+0,7416	+2,8330	+0,5672 +0,4825 +0,5765	27−26 25−24 16−15	+ 2,1667 + 1,8431 + 2,2024	−0,2208 −0,5055 −0,7288	24−23 15−14 10−9	−0,8437 −1,9310 −2,7843	−1,8119	18−21	+1,1610
Σ					+2,1928	−1,9622			+1,6262		+ 6,2122	−1,4551		−5,5590			
3	+0,4923	−0,8745	+1,3715	+0,7723	+0,1340 +0,8917 +0,4416 +0,4601	−0,7774 −0,0132 −0,6853 −0,4483	+0,4923	+1,3715	+0,0660 +0,4390 +0,2174 +0,2265	19−18 17−16 13−12 5−4	+ 0,1838 + 1,2230 + 0,6057 + 0,6310	−0,3827 −0,0065 −0,3374 −0,2207	16−15 12−11 4−3 2−1	−1,0662 −0,0181 −0,9399 −0,6148	−0,8745	6−10	+0,7723
Σ					+1,9274	−1,9242			+0,9489		+ 2,6435	−0,9473		−2,6390			

$$\delta\Delta B^2 = +2{,}5710\, v_{S.3} - 2{,}8437\, v_{A.3} + 0{,}2207\, v_1^b - 0{,}2207\, v_2^b + 0{,}3374\, v_3^b - 0{,}5639\, v_4^b + 0{,}2265\, v_5^b - 0{,}8745\, v_6^b + 0{,}7288\, v_9^b + 0{,}1457\, v_{10}^b + 0{,}0065\, v_{11}^b - 0{,}2239\, v_{12}^b + 0{,}2174\, v_{13}^b +$$
$$+ 0{,}5055\, v_{14}^b - 0{,}6993\, v_{15}^b - 0{,}2452\, v_{16}^b + 0{,}4390\, v_{17}^b - 1{,}8779\, v_{18}^b + 0{,}0660\, v_{19}^b + 0{,}4314\, v_{20}^b + 1{,}3805\, v_{21}^b + 0{,}3838\, v_{22}^b - 0{,}3398\, v_{23}^b - 0{,}5265\, v_{24}^b + 0{,}4825\, v_{25}^b - 3{,}4109\, v_{26}^b +$$
$$+ 0{,}5672\, v_{27}^b + 2{,}8437\, v_{28}^b - 0{,}0907\, v_{29}^b + 0{,}0907\, v_{30}^b$$

$$\delta\Delta L^2 = +19{,}2167\, v_{S.3} + 0{,}9309\, v_{A.3} + 0{,}6148\, v_1^b - 0{,}6148\, v_2^b + 0{,}9399\, v_3^b - 1{,}5709\, v_4^b + 0{,}6310\, v_5^b + 0{,}7723\, v_6^b + 2{,}7843\, v_9^b - 3{,}5566\, v_{10}^b + 0{,}0181\, v_{11}^b - 0{,}6238\, v_{12}^b + 0{,}6057\, v_{13}^b +$$
$$+ 1{,}9310\, v_{14}^b - 3{,}0672\, v_{15}^b - 0{,}0868\, v_{16}^b + 1{,}2230\, v_{17}^b + 0{,}9772\, v_{18}^b + 0{,}1838\, v_{19}^b + 3{,}2242\, v_{20}^b - 4{,}3852\, v_{21}^b + 2{,}8688\, v_{22}^b - 3{,}3464\, v_{23}^b - 1{,}3655\, v_{24}^b + 1{,}8431\, v_{25}^b - 1{,}2358\, v_{26}^b +$$
$$+ 2{,}1667\, v_{27}^b - 0{,}9309\, v_{28}^b - 0{,}6779\, v_{29}^b + 0{,}6779\, v_{30}^b$$

Anlage 2

Teilnetz T_a
Bedingungsgleichungen, Korrelatengleichungen:

Korrelaten			−0,3816	−0,1520	−0,1183	+0,0537	+0,0698	+0,2234	−0,0800	+0,3367	−0,2719	+0,0247	+0,0490	−0,0793	−0,0237	−0,0076	+0,0345	+0,0031			
$\sqrt{\frac{1}{p}}$	p	lfd. Nr.	1	2	3	4	5	6	7	$\Gamma_{6.1}$	$\Gamma_{6.2}$	$\Gamma_{1.1}$	$\Gamma_{1.2}$	1	8	9	16	17	Σ	$v\sqrt{p}$	v
1	1	1	−1												−0,4271		+0,5314	+0,4598	−0,4359	+0,4115	
1,4142	0,5	2	+1,4142							+1,4142					+0,6040		−0,7515	−0,6502	+2,0307	−0,1058	−0,1496
1	1	3		−1											−0,8553		+1,0641	+0,9207	+0,1295	+0,2118	
1	1	4	−1	+1											+0,7539		−0,9379	−0,8115	−0,9955	+0,1769	
1	1	5	+1												+0,1014		−0,1262	−0,1092	+0,8660	−0,3887	
1	1	6			−1										−0,5965		+0,7421	+0,6421	−0,2123	+0,1600	
1	1	7		−1	+1										+0,9069		−1,1283	−0,9762	−1,1976	−0,0297	
1	1	8		+1											−0,3104		+0,3862	+0,3341	+1,4099	−0,1303	
1,4142	0,5	9	−1,4142								+1,4142			−1,4142			−0,9687	+2,7568	+0,3739	+0,2424	+0,3428
1	1	10	+1	−1															0	−0,2296	
1	1	11		+1	−1														0	−0,0337	
1	1	12			+1	−1									−0,0457		+0,0319	+0,0145	+0,0007	−0,1698	
1	1	13				+1								+1	+0,0457		+0,6531	−1,9639	+0,7349	−0,0102	
1	1	14					−1								−0,5070		+0,3535	+0,1611	−0,9924	−0,0451	
1	1	15				−1	+1								+0,5070		+0,3232	+0,7779	+1,6081	+0,0176	
1	1	16			−1	+1									+1,1387		−2,0934	−2,1648	−3,1195	+0,0661	
1	1	17			+1										−1,1387		+1,4167	+1,2258	+2,5038	−0,0386	
1	1	18				−1								−1	+0,7352		−1,1174	+0,3022	−2,0800	−0,0294	
1	1	19				+1	−1								−0,7352		+0,9147	+0,7914	+0,9709	+0,0353	
1	1	20					+1	−1							−0,8518				−0,8518	−0,1334	
1	1	21						+1						+1	+0,8518		+0,2027	−1,0936	+1,9609	+0,1275	
1	1	22							−1							−0,7164			−1,7164	+0,0854	
1	1	23						−1	+1							+0,7164	+0,8407	+0,3831	+1,9402	−0,2787	
1	1	24					−1	+1							+0,4588		−1,1606	−0,5289	−1,2307	+0,1010	
1	1	25					+1								−0,4588		+0,3199	+0,1458	+1,0069	+0,0922	
1	1	26						−1						−1	−0,0131		+0,0091	+0,0042	−1,9998	−0,1435	
1	1	27						+1	−1						+0,0131		−0,0091	−0,0042	−0,0002	+0,3028	
1,4142	0,5	28							+1,4142			+1,4142		+1,4142					+4,2426	−0,1904	−0,2693
1,4142	0,5	29							−1,4142				+1,4142			+0,8904			+0,8904	+0,1757	+0,2485
1	1	30							+1							−0,6296			+0,3704	−0,0752	
		Σ	0	0	0	0	0	0	0	+1,4142	+1,4142	+1,4142	+1,4142	0	+0,1769	+0,2608	−0,5038	+0,6170	+6,2077	+0,1742	
		Ω	−0,0001	+0,0004	+0,0005	−0,0002	+0,0002	−0,0001	+0,0002	−0,1496	+0,3428	−0,2693	+0,2485	−0,3219	+0,0659	−0,0571	−0,1767	+0,6729			

Tafel 1

Teilnetz T_b
Bedingungsgleichungen, Korrelatengleichungen

Korrelaten			+0,1828	+0,1341	−0,0614	−0,1059	−0,2016	−0,0787	+0,0607	+0,0247	+0,0490	−0,0451	+0,0021	−0,1887	−0,0793	−0,0076	+0,0345	+0,0031			
$\sqrt{\frac{1}{p}}$	p	lfd. Nr.	1	2	3	4	5	6	7	$\Gamma_{1.1}$	$\Gamma_{1.2}$	$\Gamma_{2.1}$	$\Gamma_{2.2}$	2	1	9	16	17	Σ	$v\sqrt{p}$	v
1,4142	0,5	1	−1,4142							−1,4142					−1,4142	−0,6340	−0,3121	−0,8694	−6,0581	−0,1899	−0,2686
1	1	2	+1												+1	+0,4483	+0,2207	+0,6148	+3,2838	+0,1096	
1	1	3		−1												−0,6853	−0,3374	−0,9399	−2,9626	−0,1434	
1	1	4	−1	+1												+0,6853	+0,5639	+1,5709	+2,8201	−0,0296	
1,4142	0,5	5	+1,4142								−1,4142						−0,3203	−0,8924	−1,2127	+0,1754	+0,2481
1	1	6	−1												−1	+0,8737	+0,8745	−0,7723	−1,0241	−0,0824	
1	1	7	+1	−1												−0,8737			−0,8737	+0,0553	
1	1	8		+1	−1									+1	+1				+2,0000	−0,0725	
1	1	9			+1	−1										−0,9828	−0,7191	−2,7928	−4,4947	+0,0185	
1	1	10				+1								−1		+0,9828	−0,1554	+3,5651	+4,3925	+0,0810	
1	1	11			−1											−0,0132	−0,0065	−0,0181	−1,0378	+0,0612	
1	1	12		−1	+1											+0,4548	+0,2239	+0,6238	+1,3025	−0,1893	
1	1	13		+1												−0,4416	−0,2174	−0,6057	−0,2647	+0,1281	
1	1	14					−1									−0,6816	−0,4987	−1,9369	−4,1172	+0,1836	
1	1	15				−1	+1									+0,6816	+0,6848	+3,0798	+4,4462	−0,0677	
1	1	16			−1	+1										+0,8917	+0,2529	+0,0801	+1,2247	−0,0423	
1	1	17			+1											−0,8917	−0,4390	−1,2230	−1,5537	−0,0736	
1	1	18				−1								+1		+0,1340	+1,8805	−0,9795	+1,0350	−0,0220	
1	1	19				+1	−1									−0,1340	−0,0660	−0,1838	−0,3938	+0,0939	
1	1	20					+1	−1								−0,7267	−0,4080	−3,2409	−4,3756	−0,1415	
1	1	21						+1						−1		+0,7267	−1,4065	+4,4042	+3,7244	+0,0696	
1	1	22							−1							−0,6466	−0,3630	−2,8837	−4,8933	−0,0772	
1	1	23						−1	+1							+0,6466	+0,3123	+3,3655	+4,3244	+0,1557	
1	1	24					−1	+1								+0,6506	+0,5267	+1,3670	+2,5443	+0,1404	
1	1	25					+1									−0,6506	−0,4760	−1,8488	−1,9754	−0,2188	
1	1	26						−1						+1		+0,7648	+3,4026	+1,2422	+5,4096	+0,0054	
1	1	27						+1	−1							−0,7648	−0,5596	−2,1733	−3,4977	−0,1596	
1,4142	0,5	28							+1,4142			+1,4142		−1,4142			−4,0206	+1,3168	−1,2896	+0,1543	+0,2182
1,4142	0,5	29							−1,4142				+1,4142			+0,2161	+0,1213	+0,9636	+1,3010	−0,0773	−0,1093
1	1	30							+1							−0,1528	−0,0858	−0,6814	+0,0800	+0,0568	
		Σ	0	0	0	0	0	0	0	−1,4142	−1,4142	+1,4142	+1,4142	−0,4142	−0,4142	−0,1224	−1,3273	+0,1519	−2,1262	−0,0984	
		Ω	−0,0004	+0,0004	+0,0002	−0,0002	+0,0001	−0,0002	−0,0002	+0,2686	−0,2481	+0,2182	−0,1093	−0,4579	+0,3881	+0,5248	−0,5858	+2,3467			

Matrix $\mathfrak{H}^3$

Anteile der Grundlinien und Azimute an den Bedingungsgleichungen der „eigentlichen Hauptausgleichung“

Korrelaten			−0,0793	−0,1887	−0,2024	−0,0549	−0,1271	−0,0829	−0,0530	−0,0237	−0,0076	−0,1141	+0,0622	+0,2575	+0,0596	+0,1168	−0,0849	+0,0345	+0,0031	−0,0052	−0,0363			
$\sqrt{\frac{1}{p}}$	p	lfd. Nr.	1	2	3	4	5	6	7	8	9	10	11	12	13	14	15	16	17	18	19	Σ	$v\sqrt{p}$	v
1,1251	0,79	A_1	+1,1251					+1,1251										−2,7211	−2,4828			−2,9537	−0,2841	−0,3196
1,8898	0,28	A_2	−1,8898	−1,8898																		−3,7796	+0,5065	+0,9572
1,7408	0,33	A_3		+1,7408	+1,7408	+1,7408												+4,3071	+4,0254	+4,2580	−6,4545	+11,3584	−0,4032	−0,7019
1,0314	0,94	A_4			−1,0314		−1,0314	−1,0314														−3,0942	+0,4253	+0,4387
1,8257	0,30	A_5				−1,8257			+1,8257												+5,9039	+5,9039	−0,2108	−0,3849
1,3868	0,52	A_6					+1,3868		−1,3868											−3,3207	+0,6357	−2,6850	−0,1086	−0,1506
0,6041	2,74	S_1								+2,0024					−2,0024			−2,7357	+7,7495			+5,0138	−0,2372	−0,1433
0,5256	3,62	S_2								−1,9647	+1,9647											0	+0,0316	+0,0166
0,7559	1,75	S_3									−3,2740	+3,2740	+3,2740					+4,8144	−12,6892	−7,7023	−12,4918	−24,7949	+0,4752	+0,3592
0,6442	2,41	S_4										−3,5344		−3,5344	+3,5344							−3,5344	−0,2962	−0,1908
0,7180	1,94	S_5											−5,1805			+5,1805				+10,5361		+10,5361	+0,2281	+0,1638
0,6868	2,12	S_6												+7,5199		−7,5199				+1,9439	+28,7073	+30,6512	+0,0059	+0,0041
		Σ	−0,7647	−0,1490	+0,7094	−0,0849	+0,3554	+0,0937	+0,4389	+0,0377	−1,3093	−0,2604	−1,9065	+3,9855	+1,5320	−2,3394		+3,6647	−3,3971	+5,7150	+16,3006	+22,6216	+0,1326	
		Ω	−1,2768	−1,6591	−1,1405	−0,3170	−0,5893	−0,7583	−0,2343	−0,5371	−1,4937	+2,6027	+0,3741	+1,0913	−0,5719	+1,1373		+1,9732	−8,7858	−2,6016	−4,4779			

Tafel 3

Reduktion der Normalgleichungen des Teilnetzes T_a einschließlich der Berechnung des Anteils $\mathfrak{G}^a$ und $\overline{w}^a$ an der Hauptausgleichung

1	2	3	4	5	6	7	$\Gamma_{6.1}$	$\Gamma_{6.2}$	$\Gamma_{1.1}$	$\Gamma_{1.2}$	1	8	9	16	17	20	$s-w$	Σ	Ω	
+8,0 −1	−2,0 +0,2500	0 0	0 0	0 0	0 0	0 0	+2,0 −0,2500	−2,0 +0,2500	0 0	0 0	+2,0 −0,2500	+0,6288 −0,0786	0 0	+ 0,5875 − 0,0734	− 4,5757 + 0,5720	+1,699 −0,2124	+ 6,3394 − 0,7924	+ 6,3396 − 0,7924		
−0,3816	+6,0 +5,5000 −1	−2,0 −2,0000 +0,3636	0 0 0	0 0 0	0 0 0	0 0 0	0 +0,5000 −0,0909	0 −0,5000 +0,0909	0 0 0	0 0 0	0 +0,5000 −0,0909	+0,3919 +0,5491 −0,0998	0 0 0	− 0,4875 − 0,3406 + 0,0619	− 0,4219 − 1,5658 + 0,2847	−0,060 +0,3648 −0,0663	+ 1,4225 + 3,0074 − 0,5468	+ 1,4225 + 3,0075 − 0,5468		
	−0,1520	+6,0 +5,2728 −1	−2,0 −2,0000 +0,3793	0 0 0	0 0 0	0 0 0	0 +0,1818 −0,0345	0 −0,1818 +0,0345	0 0 0	0 0 0	0 +0,1818 −0,0345	−0,8197 −0,6200 +0,1175	0 0 0	+ 1,6716 + 1,5478 − 0,2935	+ 1,7868 + 1,2175 − 0,2309	+0,431 +0,5636 −0,1068	+ 5,0697 + 6,1632 − 1,1688	+ 5,0697 + 6,1635 − 1,1688		
		−0,1183	+6,0 +5,2414 −1	−2,0 −2,0000 +0,3815	0 0 0	0 0 0	0 +0,0690 −0,0131	0 −0,0690 +0,0131	0 0 0	0 0 0	+2,0 +2,0690 −0,3947	−0,7473 −0,9825 +0,1874	0 0 0	+ 0,2367 + 0,8238 − 0,1571	− 4,4319 − 3,9701 + 0,7574	−0,273 −0,0592 +0,0112	− 1,2155 + 1,1222 − 0,2141	− 1,2155 + 1,1224 − 0,2143		
			+0,0537	+6,0 +5,2370 −1	−2,0 −2,0000 +0,3818	0 0 0	0 +0,0263 −0,0050	0 −0,0263 +0,0050	0 0 0	0 0 0	0 +0,7893 −0,1507	−0,0202 −0,3950 +0,0754	0 0 0	+ 0,5355 + 0,8498 − 0,1622	+ 0,5001 − 1,0145 + 0,1937	+0,115 +0,0924 −0,0176	+ 3,1304 + 3,5585 − 0,6794	+ 3,1304 + 3,5590 − 0,6796		
				+0,0698	+6,0 +5,2364 −1	−2,0 −2,0000 +0,3819	0 +0,0100 −0,0019	0 −0,0100 +0,0019	0 0 0	0 0 0	+2,0 +2,3014 −0,4395	+2,1886 +2,0378 −0,3891	−0,7164 −0,7164 +0,1368	− 1,8168 − 1,4933 + 0,2851	− 2,0140 − 2,4013 + 0,4585	−1,087 −1,0517 +0,2008	+ 0,5544 + 1,9130 − 0,3653	+ 0,5544 + 1,9129 − 0,3655		
					+0,2234	+8,0 +7,2362 −1	0 +0,0038 −0,0005	0 −0,0038 +0,0005	+2,0 +2,0000 −0,2763	−2,0 −2,0000 +0,2763	+2,0 +2,8789 −0,3978	−0,0131 +0,7651 −0,1057	−0,4560 −0,7296 +0,1008	+ 0,8498 + 0,2795 − 0,0386	+ 0,3873 − 0,5298 + 0,0732	+1,260 +0,8584 −0,1186	+10,0279 +10,7585 − 1,4867	+10,0280 +10,7587 − 1,4867		
						−0,0800	+2,0 +1,4472	0 +0,5528	0 −0,0010	0 +0,0010	0 −0,5886	+0,8542 +0,6790	0 +0,0017	− 1,0628 − 1,2443	− 0,9195 + 0,3868	0 −0,4754	+ 2,8718 + 0,7595	+ 2,8719 + 0,7592	−0,1496	$\Gamma_{6.1}$
							+0,3367	+2,0 +1,4472	0 +0,0010	0 −0,0010	−2,0 −1,4114	0 +0,1751	0 −0,0017	− 1,3699 − 1,1882	+ 3,8987 + 2,5925	0 +0,4754	+ 0,5288 + 2,6412	+ 0,5288 + 2,6417	+0,3428	$\Gamma_{6.2}$
								−0,2719	+2,0 +1,4474	0 +0,5526	+2,0 +1,2046	0 −0,2114	0 +0,2016	0 − 0,0772	0 + 0,1464	0 −0,2372	+ 5,9999 + 3,0273	+ 6,0000 + 3,0268	−0,2692	$\Gamma_{1.1}$
									+0,0247	+2,0 +1,4474	0 +0,7954	0 +0,2114	+1,2592 +1,0576	0 + 0,0772	0 − 0,1464	0 +0,2372	+ 1,2592 + 4,2318	+ 1,2592 + 4,2324	+0,2484	$\Gamma_{1.2}$
										+0,0490	+8,0 +4,3560	+0,1754 −0,7629	0 +0,6051	+ 3,3340 + 3,2567	− 7,2626 − 3,0324	0 −0,3474	+12,2467 + 4,0760	+12,2468 + 4,0751	−0,3218	1
											−0,0793	+9,1971 +7,9323	0 +0,3559	− 9,8814 − 8,9417	− 8,6109 − 7,7821	0 +0,2107	− 6,6567 − 8,1337	− 6,6566 − 8,1336	−0,0660	8
												−0,0237	+2,2157 +2,0442	+ 0,6023 + 0,4262	+ 0,2745 − 0,1074	0 −0,0573	+ 3,1792 + 4,5256	+ 3,1793 + 4,5259	−0,0571	9
													−0,0076	+17,1153 +15,8930	+ 7,9658 + 7,9718	0 −0,6062	+18,2800 +15,5679	+18,2801 +15,5673	−0,1766	16
														+ 0,0345	+24,2677 +16,5803	0 +0,4997	+10,8443 +17,1073	+10,8444 +17,1092	+0,6732	17
															+ 0,0031					

Tafel 4

Gewichtskoeffizienten und reduzierte Widersprüche aus dem Teilnetz T_b, Matrizen $\mathfrak{G}^b$ und $\overline{\mathfrak{w}}^b$

$\Gamma_{1.1}$	$\Gamma_{1.2}$	$\Gamma_{2.1}$	$\Gamma_{2.2}$	2	1	9	16	17	20	
+ 2,0 + 1,4472	0 + 0,5528	0 — 0,0010	0 + 0,0010	0 — 0,0292	+ 2,0 + 0,8292	+ 0,8966 + 1,1207	+ 0,4414 + 0,8216	+ 1,2295 + 1,2275	0 + 0,2423	$\Gamma_{1.1}$
	+ 2,0 + 1,4472	0 + 0,0010	0 — 0,0010	0 + 0,0292	0 + 1,1708	0 — 0,2241	+ 0,4530 + 0,0728	+ 1,2620 + 1,2640	0 — 0,2423	$\Gamma_{1.2}$
		+ 2,0 + 1,4472	0 + 0,5528	— 2,0 — 1,2016	0 + 0,0016	0 — 0,4314	— 5,6859 — 3,8425	+ 1,8622 — 0,6468	0 + 0,1870	$\Gamma_{2.1}$
			+ 2,0 + 1,4472	0 — 0,7984	0 — 0,0016	+ 0,3056 + 0,7370	+ 0,1715 — 1,6719	+ 1,3627 + 3,8717	0 — 0,1870	$\Gamma_{2.2}$
				+ 7,0 + 3,4564	+ 1,0 + 0,5439	— 0,8107 — 0,1654	+ 12,5309 + 6,2992	— 9,5688 — 4,2872	0 — 0,0213	2
					+ 5,0 + 2,2563	+ 0,4712 + 0,5490	— 0,2124 + 0,2166	+ 2,6166 + 2,1952	0 + 0,5818	1
						+ 11,9369 + 10,2813	+ 7,5479 + 8,7737	+ 27,7606 + 23,8054	0 + 0,2013	9
							+ 37,5551 + 24,7838	+ 3,8981 + 14,9710	0 — 0,4086	16
								+ 107,0985 + 91,0655	0 + 0,9653	17

Tafel 5

Gewichtskoeffizienten und reduzierte Widersprüche aus dem Teilnetz T_c Matrizen $\mathfrak{G}^c$ und $\overline{\mathfrak{w}}^c$

	$\Gamma_{2.1}$	$\Gamma_{2.2}$	$\Gamma_{2.4}$	$\Gamma_{2.3}$	$\Gamma_{5.1}$	$\Gamma_{5.2}$	$\Gamma_{5.3}$	$\Gamma_{5.4}$	$\Gamma_{5.5}$	$\Gamma_{5.6}$	15	3	4	5	10	11	12	18	19	16	17	20
$\Gamma_{2.1}$	+1,5669	+0,4331	−0,4331	+0,4331	−0,0004	+0,0004	−0,4318	+0,4318	+0,4318	−0,4318	− 0,0001	+1,4925	+0,8662	0	− 0,4396	+1,4092	0	+ 3,7348	− 8,2785	− 1,4661	+ 4,6268	−0,0648
$\Gamma_{2.2}$		+1,5669	+0,4331	−0,4331	+0,0004	−0,0004	+0,4318	−0,4318	−0,4318	+0,4318	+ 0,0001	+0,5075	+1,1338	0	− 1,2466	+0,4639	0	+ 5,0959	− 1,5068	− 2,6977	+ 0,8753	+0,0648
$\Gamma_{2.4}$			+1,5669	+0,4331	−0,0004	+0,0004	−0,4318	+0,4318	+0,4318	−0,4318	− 0,0001	−0,5075	+0,8662	0	− 0,6761	−0,7004	0	+ 2,6023	+ 4,6850	− 1,2089	− 1,9981	−0,0648
$\Gamma_{2.3}$				+1,5669	+0,0004	−0,0004	+0,4318	−0,4318	−0,4318	+0,4318	+ 0,0001	+0,5075	+1,1338	0	− 1,2466	+0,4639	0	+ 5,0959	− 1,5068	− 2,6977	+ 0,8753	+0,0648
$\Gamma_{5.1}$					+1,3866	+0,6134	−0,0438	+0,0438	+0,0438	−0,0438	− 1,7758	+0,4559	+0,0006	+0,0876	+ 1,5969	+0,0002	−0,0294	− 0,5267	− 2,0842	− 0,1211	− 0,3040	+0,1684
$\Gamma_{5.2}$						+1,3866	+0,0438	−0,0438	−0,0438	+0,0438	− 0,5630	−0,4559	−0,0006	−0,0876	+ 1,4040	−0,0002	+0,0294	− 1,0939	− 1,0023	+ 0,1211	+ 0,3040	−0,1684
$\Gamma_{5.3}$							+1,5682	+0,4318	+0,4318	−0,4318	− 0,9982	+1,4612	0	+0,8634	+ 0,9908	0	−0,9668	− 0,0124	− 3,3292	− 0,0086	− 0,0218	−0,0284
$\Gamma_{5.4}$								+1,5682	−0,4318	+0,4318	− 1,9507	+0,5388	0	+1,1366	+ 1,9581	0	−0,3818	− 1,2259	− 3,2887	− 0,0086	+ 0,0218	+0,0284
$\Gamma_{5.5}$									+1,5682	+0,4318	+ 1,0034	+0,5388	0	−0,8634	− 0,9960	0	−0,3870	+ 1,5591	+ 0,3278	+ 0,0086	+ 0,0218	+0,0284
$\Gamma_{5.6}$										+1,5682	+ 1,9507	−0,5388	0	−1,1366	− 1,9581	0	+0,3818	+ 1,2259	+ 3,2887	− 0,0086	− 0,0218	−0,0284
15											+13,2256	−2,2992	+0,0002	−3,9016	−13,4303	+0,0003	+1,3759	+ 6,1804	+20,3333	− 1,0692	− 0,4116	−0,0720
3												+6,0518	+1,0148	+1,0778	+ 0,5330	+1,4698	−1,0388	+ 6,7224	−17,2096	− 4,1332	+ 8,2918	+0,7510
4													+2,2676	−0,0001	− 2,4928	+0,9279	0	+10,1912	− 3,0133	− 5,3955	+ 1,7512	−0,3724
5														+2,2732	+ 3,9158	0	−0,7632	− 2,4516	− 6,5778	+ 0,0174	+ 0,0432	−0,0676
10															+27,8848	−0,3743	−1,3808	−32,0987	−27,5009	+21,2703	+ 6,7389	−0,1010
11																+2,0485	0	+ 3,9388	−10,0459	− 1,2842	+ 4,5149	−0,1524
12																	+0,9437	+ 0,3150	+ 3,8265	− 0,0058	− 0,0145	+0,0228
18																		+74,1925	+ 1,7459	−48,4356	+ 1,7902	−0,2986
19																			+104,6450	− 4,3435	−42,1156	+0,0523
16																				+37,2869	+ 3,1624	−0,1988
17																					+29,1566	+0,3840

Tafel 6

Gewichtskoeffizienten und reduzierte Widersprüche aus dem Teilnetz T'_d, Matrizen $\mathfrak{G}^d$ und $\bar{\mathfrak{w}}^d$

$\Gamma_{6.1}$	$\Gamma_{6.2}$	$\Gamma_{5.1}$	$\Gamma_{5.2}$	$\Gamma_{5.3}$	$\Gamma_{5.4}$	15	6	13	16	17	20	
+ 1,4472	+ 0,5528	— 0,0004	+ 0,0004	0	0	+ 0,0001	+ 1,1418	— 0,0937	— 3,2570	+ 1,6564	+ 0,0200	$\Gamma_{6.1}$
	+ 1,4472	+ 0,0004	— 0,0004	0	0	— 0,0001	+ 0,8582	+ 1,3385	— 3,1796	— 4,7213	— 0,0200	$\Gamma_{6.2}$
		+ 1,3825	+ 0,6175	— 0,0213	+ 0,0213	+ 1,5604	— 0,6397	— 1,4293	— 0,0605	— 0,0588	— 0,2332	$\Gamma_{5.1}$
			+ 1,3825	+ 0,0213	— 0,0213	+ 0,6705	+ 0,6397	— 1,5658	+ 0,0605	+ 0,0588	+ 0,2332	$\Gamma_{5.2}$
				+ 1,4475	+ 0,5525	+ 0,3827	— 1,4015	— 0,3783	— 0,0023	— 0,0018	+ 0,0331	$\Gamma_{5.3}$
					+ 1,4475	+ 1,2285	— 0,5985	— 1,2329	+ 0,0023	+ 0,0018	— 0,0331	$\Gamma_{5.4}$
						+ 7,3195	— 1,2832	— 6,0317	+ 0,0060	+ 0,0062	— 0,5702	15
							+ 6,0754	+ 1,6327	— 6,3772	+ 0,1655	+ 0,2534	6
								+ 20,3304	— 6,5137	— 25,8375	+ 0,4103	13
									+ 18,3612	+ 13,2285	+ 0,0461	16
										+ 89,2355	+ 1,0000	17

Tafel 7

Gewichtskoeffizienten und reduzierte Widersprüche aus dem Teilnetz T_e, Matrizen $\mathfrak{G}^e$ und $\overline{\mathfrak{w}}^e$

$\Gamma_{2.4}$	$\Gamma_{2.3}$	$\Gamma_{3.1}$	$\Gamma_{3.2}$	4	11	18	19	20	
+ 1,4472	+ 0,5528	0	0	+ 1,2001	− 0,4572	+ 1,9696	+ 1,0921	− 0,2262	$\Gamma_{2.4}$
	+ 1,4472	0	0	+ 0,7999	− 1,1401	+ 1,2313	+ 2,8718	+ 0,2262	$\Gamma_{2.3}$
		+ 1,4472	+ 0,5528	+ 1,2000	+ 0,2214	− 0,0528	+ 0,0062	+ 0,0950	$\Gamma_{3.1}$
			+ 1,4472	+ 0,8000	+ 1,2928	+ 0,0528	+ 0,0062	− 0,0950	$\Gamma_{3.2}$
				+ 6,4001	− 1,0914	+ 5,1171	+ 4,9982	− 0,2902	4
					+ 10,5236	− 1,0457	− 12,1301	+ 0,1199	11
						+ 6,7976	+ 4,6003	− 0,4641	18
							+ 26,4835	− 0,0180	19

Tafel 8

Gewichtskoeffizienten und reduzierte Widersprüche aus dem Teilnetz T_f, Matrizen $\mathfrak{G}^f$ und $\overline{\mathfrak{w}}^f$

$\Gamma_{3.1}$	$\Gamma_{3.2}$	$\Gamma_{4.1}$	$\Gamma_{4.2}$	7	14	18	19	20	
+ 1,4472	+ 0,5528	+ 0,0001	— 0,0001	+ 1,2001	— 0,4141	— 0,8852	+ 3,9856	+ 0,0423	$\Gamma_{3.1}$
	+ 1,4472	— 0,0001	+ 0,0001	+ 0,7999	— 1,8973	— 3,8157	+ 2,4818	— 0,0423	$\Gamma_{3.2}$
		+ 1,4472	+ 0,5528	+ 1,2000	+ 0,7794	— 0,2005	+ 0,2854	+ 0,1662	$\Gamma_{4.1}$
			+ 1,4472	+ 0,8000	— 1,0566	— 0,3960	— 0,2854	— 0,1662	$\Gamma_{4.2}$
				+ 6,0002	— 1,3379	— 3,6929	+ 10,3917	— 0,6844	7
					+ 23,7342	+ 26,9274	+ 0,2943	— 0,0523	14
						+ 42,3721	— 5,1583	+ 0,0145	18
							+ 28,0825	— 0,7182	19

Tafel 9

Gewichtskoeffizienten und reduzierte Widersprüche aus dem Teilnetz T_g, Matrizen $\mathfrak{G}^g$ und $\overline{\mathfrak{w}}^g$

$\Gamma_{4.1}$	$\Gamma_{4.2}$	$\Gamma_{5.5}$	$\Gamma_{5.6}$	5	12	18	19	20	
+ 1,4472	+ 0,5528	0	0	+ 0,6470	− 1,2134	− 1,8447	− 4,3307	− 0,0205	$\Gamma_{4.1}$
	+ 1,4472	0	0	+ 1,3530	+ 0,1064	− 3,2304	+ 1,0216	+ 0,0205	$\Gamma_{4.2}$
		+ 1,4472	+ 0,5528	− 0,6472	+ 2,4004	+ 1,0903	+ 5,3149	− 0,2448	$\Gamma_{5.5}$
			+ 1,4472	− 1,3528	+ 1,8117	+ 2,0081	+ 3,8867	+ 0,2448	$\Gamma_{5.6}$
				+ 5,6942	− 3,1127	− 11,1104	− 6,2312	+ 0,6417	5
					+ 19,4977	+ 7.4275	+ 54,3066	− 0,8005	12
						+ 22,9604	+ 17,3716	− 0,9201	18
							+ 161,4644	− 1,1863	19

Tafel 10

Elimination der Identitätskorrelaten der Verknotungsstelle Γ_1

$\Gamma_{1.1}$	$\Gamma_{1.2}$	1	8	9	16	17	2	20	s—w	
+ 2,8946 — 1	+ 1,1054 — 0,3819	+ 2,0338 — 0,7026	— 0,2114 + 0,0730	+ 1,3223 — 0,4568	+ 0,7444 — 0,2572	+ 1,3739 — 0,4746	— 0,0292 + 0,0101	+ 0,0051 — 0,0018	+ 9,2401 — 3,1922	$\Gamma_{1.1}$
+ 0,0247	+ 2,8946 + 2,4724 — 1	+ 1,9662 + 1,1895 — 0,4811	+ 0,2114 + 0,2921 — 0,1181	+ 0,8335 + 0,3285 — 0,1329	+ 0,1500 — 0,1343 + 0,0543	+ 1,1176 + 0,5929 — 0,2398	+ 0,0292 + 0,0404 — 0,0163	— 0,0051 — 0,0070 + 0,0028	+ 8,3014 + 4,7726 — 1,9304	$\Gamma_{1.2}$
		— 2,0012	+ 0,0080	— 1,0871	— 0,4584	— 1,2505	+ 0,0011	— 0,0002	— 4,7883	1
	+ 0,0490		— 0,0499	+ 0,0577	+ 0,0702	+ 0,0303	— 0,0069	+ 0,0012	+ 0,1106	8
		— 0,0793		— 0,6477	— 0,3222	— 0,7064	+ 0,0080	— 0,0014	— 2,6994	9
			— 0,0237		— 0,1988	— 0,3212	+ 0,0097	— 0,0017	— 1,2226	16
				— 0,0076		— 0,7942	+ 0,0042	— 0,0007	— 3,0382	17
					+ 0,0345		— 0,0010	+ 0,0002	+ 0,0155	2
						+ 0,0031				
							— 0,1887			

Tafel 11

Elimination der Identitätskorrelaten der Verknotungsstelle Γ_2

$\Gamma_{2.1}$	$\Gamma_{2.2}$	$\Gamma_{2.4}$	$\Gamma_{2.3}$	15	3	4	5	10	11	12	18	19	16	17	2	1	9	20	$s-w$	
+3,0141 −1	+0,9859 −0,3271	−0,4331 +0,1437	+0,4331 −0,1437	0 0	+1,4925 −0,4952	+0,8662 −0,2874	0 0	−0,4396 +0,1458	+1,4092 −0,4675	0 0	+ 3,7348 − 1,2391	− 8,2785 + 2,7466	− 5,3086 + 1,7613	+ 3,9800 − 1,3205	−1,2016 +0,3987	+0,0016 −0,0005	−0,4314 +0,1431	+0,1222 −0,0405	− 0,0533 + 0,0177	$\Gamma_{2.1}$
−0,0451	+3,0141 +2,6916 −1	+0,4331 +0,5748 −0,2136	−0,4331 −0,5748 +0,2136	0 0 0	+0,5075 +0,0193 −0,0072	+1,1338 +0,8505 −0,3160	0 0 0	−1,2466 −1,1029 +0,4098	+0,4639 +0,0030 −0,0011	0 0 0	+ 5,0959 + 3,8742 − 1,4394	− 1,5068 + 1,2011 − 0,4462	− 4,3696 − 2,6332 + 0,9783	+ 4,7470 + 3,4451 − 1,2799	−0,7984 −0,4053 +0,1506	−0,0016 −0,0021 +0,0008	+0,7370 +0,8781 −0,3262	−0,1222 −0,1621 +0,0602	+ 8,6399 + 8,6573 − 3,2161	$\Gamma_{2.2}$
	+0,0021	+3,0141 +2,8291 −1	+0,9859 +1,1705 −0,4137	0 0 0	−0,5075 −0,2972 +0,1051	+2,0663 +2,0091 −0,7102	0 0 0	−0,6761 −0,5037 +0,1780	−1,1576 −0,9558 +0,3378	0 0 0	+ 4,5717 + 4,2809 − 1,5132	+ 5,7771 + 4,3309 − 1,5308	− 1,2089 − 1,4093 + 0,4981	− 1,9981 − 2,1620 + 0,7642	0 −0,0861 +0,0304	0 +0,0007 −0,0002	0 −0,2495 +0,0882	−0,2910 −0,2389 +0,0844	+10,5760 + 8,7191 − 3,0819	$\Gamma_{2.4}$
		+0,2057	+3,0141 +2,3449 −1	0 0 0	+0,5075 +0,4202 −0,1792	+1,9337 +1,1596 −0,4945	0 0 0	−1,2466 −1,2107 +0,5163	−0,6762 −0,4826 +0,2058	0 0 0	+ 6,3272 + 4,8470 − 2,0670	+ 1,3650 + 1,0195 − 0,4348	− 2,6977 −1,9143 + 0,8164	+ 0,8753 + 1,9337 − 0,8246	0 +0,1217 −0,0519	0 −0,0009 +0,0004	0 +0,3527 −0,1504	+0,2910 +0,3376 −0,1440	+10,6791 + 8,9289 − 3,8078	$\Gamma_{2.3}$
				0	0	0	0	0	0	0	0	0	0	0	0	0	0	0	0	15
			−0,0636		−0,8458	−0,4318	0	+0,3896	−0,7117	0	− 2,2960	+ 4,3633	+ 2,8427	− 2,5694	+0,5671	−0,0005	+0,1179	−0,1449	+ 1,2805	3
				−0,0849		−2,5180	0	+1,4311	+0,5114	0	− 7,7348	− 1,5803	+ 4,3053	− 1,6533	+0,4743	+0,0003	−0,1507	+0,0187	− 7,3278	4
					−0,2024		0	0	0	0	0	0	0	0	0	0	0	0	0	5
						−0,0549		−1,2308	−0,2126	0	+ 5,3967	+ 0,5825	− 3,0923	+ 2,6056	−0,2938	−0,0010	+0,4345	+0,0832	+ 6,0927	10
							−0,1271		−1,0810	0	+ 0,6933	+ 5,5417	+ 1,6146	− 2,1968	+0,5583	−0,0007	+0,1890	−0,0681	+ 4,8374	11
								−0,1141		0	0	0	0	0	0	0	0	0	0	12
									+0,0622		−26,7009	− 0,1318	+16,4575	−10,6159	+1,9510	+0,0018	−1,0809	−0,2544	−24,3144	18
										+0,2575		−30,3467	−10,4160	+11,8631	−3,0406	+0,0047	−1,3481	+0,6263	−23,8819	19
											− 0,0052		−14,1909	+10,8821	−2,4564	+0,0004	+0,2629	+0,2133	+ 6,4232	16
												− 0,0363		−12,9117	+1,9393	+0,0019	−1,0357	−0,4148	− 4,1056	17
													+ 0,0345		−0,5490	+0,0003	−0,0656	−0,0005	− 0,9156	2
														+ 0,0031		0	+0,0011	0	+ 0,0088	1
															−0,1887		−0,4232	−0,0015	− 3,1003	9
																−0,0793				
																	−0,0076			

Tafel 12

Elimination der Identitätskorrelaten der Verknotungsstelle Γ_3

$\Gamma_{3.1}$	$\Gamma_{3.2}$	4	11	18	19	7	14	20	s—w	
+ 2,8944 — 1	+ 1,1056 — 0,3820	+ 1,2000 — 0,4146	+ 0,2214 — 0,0765	— 0,9380 + 0,3241	+ 3,9918 — 1,3791	+ 1,2001 — 0,4146	— 0,4141 + 0,1431	+ 0,1373 — 0,0475	+ 9,3985 — 3,2471	$\Gamma_{3.1}$
+ 0,0002	+ 2,8944 + 2,4721 — 1	+ 0,8000 + 0,3416 — 0,1382	+ 1,2928 + 1,2082 — 0,4887	— 3,7629 — 3,4046 + 1,3771	+ 2,4756 + 0,9509 — 0,3846	+ 0,7999 + 0,3415 — 0,1381	— 1,8973 — 1,7391 + 0,7035	— 0,1373 — 0,1899 + 0,0767	+ 3,5706 — 0,0196 + 0,0079	$\Gamma_{3.2}$
		— 0,5447	— 0,2587	+ 0,8593	— 1,7864	— 0,5447	+ 0,4120	— 0,0307	— 1,8939	4
	+ 0,1502		— 0,6074	+ 1,7356	— 0,7700	— 0,2586	+ 0,8816	+ 0,0822	+ 0,8047	11
		— 0,0549		— 4,9922	+ 2,6030	+ 0,8591	— 2,5291	— 0,2167	— 1,6810	18
			+ 0,0622		— 5,8707	— 1,7864	+ 1,2399	— 0,1156	— 6,4862	19
				— 0,0052		— 0,5447	+ 0,4119	— 0,0307	— 1,8941	7
					— 0,0363		— 1,2827	— 0,1139	— 0,9803	14
						— 0,0530				
							+ 0,1168			

Tafel 13

Elimination der Identitätskorrelaten der Verknotungsstelle Γ_4

$\Gamma_{4.1}$	$\Gamma_{4.2}$	7	14	18	19	5	12	20	s—w	
+ 2,8944 — 1	+ 1,1056 — 0,3820	+ 1,2000 — 0,4146	+ 0,7794 — 0,2693	— 2,0452 + 0,7066	— 4,0453 + 1,3976	+ 0,6470 — 0,2235	— 1,2134 + 0,4192	+ 0,1457 — 0,0503	— 0,5321 + 0,1838	$\Gamma_{4.1}$
— 0,0458	— 2,8944 + 2,4721 — 1	+ 0,8000 + 0,3416 — 0,1382	— 1,0566 — 1,3543 + 0,5478	— 3,6264 — 2,8451 + 1,1509	+ 0,7362 + 2,2815 — 0,9229	+ 1,3530 + 1,1058 — 0,4473	+ 0,1064 + 0,5699 — 0,2305	— 0,1457 — 0,2014 + 0,0815	+ 2,1667 + 2,3700 — 0,9587	$\Gamma_{4.2}$
		— 0,5447	— 0,1360	+ 1,2411	+ 1,3619	— 0,4211	+ 0,4243	— 0,0326	+ 1,8929	7
	+ 0,1778		— 0,9518	— 1,0078	+ 2,3392	+ 0,4315	+ 0,6390	— 0,1496	+ 1,1645	14
		— 0,0530		— 4,7196	— 0,2326	+ 1,7298	— 0,2015	— 0,1288	— 3,3194	18
			+ 0,1168		— 7,7593	— 0,1163	— 2,2218	+ 0,3895	— 6,2394	19
				— 0,0052		— 0,6392	+ 0,0163	+ 0,0575	+ 1,0585	5
					— 0,0363		— 0,6400	+ 0,1075	— 1,8762	12
						— 0,1271				
							+ 0,2575			

Tafel 14

Elimination der Identitätskorrelaten der Verknotungsstelle Γ_5

$\Gamma_{5.1}$	$\Gamma_{5.2}$	$\Gamma_{5.3}$	$\Gamma_{5.4}$	$\Gamma_{5.5}$	$\Gamma_{5.6}$	15	3	4	5	10	11	12	18	19	16	17	6	13	20	$s-w$	
+2,7691 −1	+1,2309 −0,4445	−0,0651 +0,0235	+0,0651 −0,0235	+0,0438 −0,0158	−0,0438 +0,0158	−0,2154 +0,0778	+0,4559 −0,1646	+0,0006 −0,0002	+0,0876 −0,0316	+1,5969 −0,5767	0 0	−0,0294 +0,0106	−0,5267 +0,1902	−2,0842 +0,7527	−0,1816 +0,0656	−0,3628 +0,1310	−0,6397 +0,2310	−1,4293 +0,5162	−0,0648 +0,0234	+ 0,6076 − 0,2194	$\Gamma_{5.1}$
+0,0985	+2,7691 +2,2220 −1	+0,0651 +0,0940 −0,0423	−0,0651 −0,0940 +0,0423	−0,0438 −0,0633 +0,0285	+0,0438 +0,0633 −0,0285	+0,1075 +0,2032 −0,0914	−0,4559 −0,6585 +0,2964	−0,0006 −0,0009 +0,0004	−0,0876 −0,1265 +0,0569	+1,4040 +0,6942 −0,3125	0 0 0	+0,0294 +0,0425 −0,0191	−1,0939 −0,8598 +0,3869	−1,0023 −0,0759 +0,0342	+0,1816 +0,2623 −0,1180	+0,3628 +0,5241 −0,2359	+0,6397 +0,9240 −0,4158	−1,5658 −0,9305 +0,4188	+0,0648 +0,0936 −0,0421	+ 2,5831 + 2,3130 − 1,0410	$\Gamma_{5.2}$
	−0,0006	+3,0157 +3,0102 −1	+0,9843 +0,9898 −0,3288	+0,4318 +0,4355 −0,1447	−0,4318 −0,4355 +0,1447	−0,6155 −0,6292 +0,2090	+1,4612 +1,4998 −0,4982	0 +0,0001 0	+0,8634 +0,8708 −0,2893	+0,9908 +0,9990 −0,3319	0 0 0	−0,9668 −0,9693 +0,3220	−0,0124 +0,0116 −0,0039	−3,3292 −3,3750 +1,1212	−0,0109 −0,0263 +0,0087	−0,0236 −0,0543 +0,0180	−1,4015 −1,4556 +0,4836	−0,3783 −0,3725 +0,1237	+0,0047 −0,0008 +0,0003	+ 0,5823 + 0,4987 − 0,1657	$\Gamma_{5.3}$
		+0,0420	+3,0157 +2,6847 −1	−0,4318 −0,5787 +0,2156	+0,4318 +0,5787 −0,2156	−0,7222 −0,5017 +0,1869	+0,5388 +0,0071 −0,0026	0 −0,0001 0	+1,1366 +0,8429 −0,3140	+1,9581 +1,6215 −0,6040	0 0 0	−0,3818 −0,0606 +0,0226	−1,2259 −1,2537 +0,4670	−3,2887 −2,1332 +0,7946	+0,0109 +0,0349 −0,0130	+0,0236 +0,0721 −0,0269	−0,5985 −0,0658 +0,0245	−1,2329 −1,1162 +0,4158	−0,0047 +0,0010 −0,0004	+ 0,2128 + 0,1324 − 0,0493	$\Gamma_{5.4}$
			+0,1862	+3,0154 +2,8251 −1	+0,9846 +1,1749 −0,4159	+1,0034 +0,9955 −0,3524	+0,5388 +0,2973 −0,1052	0 0 0	−1,5106 −1,4599 +0,5168	−0,9960 −0,7964 +0,2819	0 0 0	+2,0134 +2,1422 −0,7583	+2,6494 +2,3612 −0,8358	+5,6427 +5,7019 −2,0183	+0,0086 +0,0303 −0,0107	+0,0218 +0,0659 −0,0233	0 +0,2329 −0,0824	0 −0,1907 +0,0675	−0,2164 −0,2124 +0,0752	+13,1553 +13,1680 − 4,6611	$\Gamma_{5.5}$
				+0,0757	+3,0154 +2,3365 −1	+1,9507 +1,5446 −0,6611	−0,5388 −0,4210 +0,1802	0 0 0	−2,4894 −1,9330 +0,8273	−1,9581 −1,8265 +0,7817	0 0 0	+2,1935 +1,1737 −0,5023	+3,2340 +2,5401 −1,0871	+7,1754 +4,7448 −2,0307	−0,0086 −0,0429 +0,0184	−0,0218 −0,0933 +0,0399	0 −0,3297 +0,1411	0 +0,2700 −0,1156	+0,2164 +0,3007 −0,1287	+13,7529 + 8,2636 − 3,5367	$\Gamma_{5.6}$
						−1,6326	+0,5840	+0,0001	+2,1503	+2,0608	0	−1,7509	−2,7056	− 6,4054	−0,0194	−0,0355	−0,3148	−0,4239	−0,1375	− 8,6301	15
					−0,3712		−1,1246	−0,0004	−0,6827	−0,8044	0	+0,4866	+0,0387	+ 2,2627	+0,1097	+0,2182	+1,0206	+0,2167	+0,1153	+ 2,4406	3
						−0,0849		0	−0,0001	0	0	0	−0,0002	+ 0,0004	+0,0001	+0,0003	+0,0005	−0,0001	+0,0001	+ 0,0008	4
							−0,2024		−2,8802	−2,7318	0	+2,3809	+3,6797	+ 8,5799	−0,0025	−0,0088	+0,3622	+0,5753	+0,1463	+11,5683	5
								−0,0549		−4,1011	0	+1,8834	+3,9770	+ 8,9507	−0,0146	−0,0344	+0,4109	+2,0702	+0,1830	+11,8487	10
									−0,1271		0	0	0	0	0	0	0	0	0	0	11
										−0,1141		−2,5286	−3,0801	− 7,8627	−0,0160	−0,0328	−0,5056	−0,1336	+0,0073	−11,1520	12
											+0,0622		−5,7532	−11,3325	+0,1047	+0,2140	+0,3745	−1,2858	−0,1250	−15,8943	18
												+0,2575		−28,1939	−0,1035	−0,2023	−1,9347	−2,5756	−0,2276	−39,0434	19
													−0,0052		−0,0447	−0,0895	−0,1714	+0,0343	−0,0075	− 0,2193	16
														− 0,0363		−0,1793	−0,3448	+0,0708	−0,0137	− 0,4377	17
															+0,0345		−1,3032	−0,0969	+0,0057	− 2,4960	6
																+0,0031		−1,6818	−0,0430	− 3,2737	13
																	−0,0829				
																		+0,0596			

Tafel 15

Elimination der Identitätskorrelaten der Verknotungsstelle Γ_6

$\Gamma_{6.1}$	$\Gamma_{6.2}$	15	6	13	16	17	1	8	9	20	$s-w$	
+2,8944 −1	+1,1056 −0,3820	+0,0001 0	+1,1418 −0,3945	−0,0937 +0,0324	−4,5013 +1,5552	+2,0432 −0,7059	−0,5886 +0,2034	+0,6790 −0,2346	+0,0017 −0,0006	−0,4554 +0,1573	+2,2272 −0,7695	$\Gamma_{6.1}$
+0,3367	+2,8944 +2,4721 −1	−0,0001 −0,0001 0	+0,8582 +0,4220 −0,1707	+1,3385 +1,3743 −0,5559	−4,3678 −2,6484 +1,0713	−2,1288 −2,9092 +1,1768	−1,4114 −1,1866 +0,4800	+0,1751 −0,0843 +0,0341	−0,0017 −0,0023 +0,0009	+0,4554 +0,6294 −0,2546	−1,0830 −1,9338 +0,7822	$\Gamma_{6.2}$
		0	0	0	0	0	0	0	0	0	0	15
	−0,2719		−0,5225	−0,1976	+2,2278	−0,3094	+0,4348	−0,2535	−0,0003	+0,0722	+1,4515	6
		−0,0849		−0,7670	+1,3264	+1,6834	+0,6406	+0,0689	+0,0013	−0,3646	+2,3914	13
			−0,0829		−9,8377	+0,0610	−2,1866	+0,9657	+0,0002	−0,0340	−7,4772	16
				+0,0596		−4,8658	−0,9809	−0,5787	−0,0039	+1,0621	−3,9322	17
					+0,0345		−0,6893	+0,0976	−0,0007	+0,2095	−2,4750	1
						+0,0031		−0,1622	−0,0005	+0,1283	+0,2656	8
							−0,0793		0	+0,0008	−0,0031	9
								−0,0237				
									−0,0076			

Tafel 16

Matrizen $\mathfrak{H}^s(\mathfrak{H}^s)'$ und $\mathfrak{w}^h$

1	2	3	4	5	6	7	8	9	10	11	12	13	14	15	16	17	18	19	20	Σ	Ω	
+4,8372	+3,5713				+1,2659										−3,0615	−2,7934			+1,2110	+5,0305	−0,0657	1
	+6,6017	+3,0304	+3,0304												+7,4978	+7,0074	+7,4123	−11,2360	+2,1170	+29,0323	+0,4581	2
		+4,0942	+3,0304	+1,0638	+1,0638										+7,4978	+7,0074	+7,4123	−11,2360	+1,1310	+24,0951	−0,0095	3
			+6,3636			−3,3332									+7,4978	+7,0074	+7,4123	−22,0148	+1,3330	+10,3269	+1,0161	4
				+2,9870	+1,0638	−1,9232											−4,6051	+0,8816	+0,5460	+0,0139	−0,0433	5
					+2,3296										−3,0615	−2,7934			+1,1050	+0,9732	+0,3467	6
						+5,2564											+4,6051	+9,8972	+1,5430	+16,0453	+1,3086	7
							+7,8697	−3,8600				−4,0096			−5,4780	+15,5176			+0,6032	+10,6429	+0,0662	8
								+14,5791	−10,7191	−10,7191					−15,7623	+41,5444	+25,2173	+40,8982	+1,0259	+82,2044	−0,4678	9
									+23,2111	+10,7191	+12,4920	−12,4920			+15,7623	−41,5444	−25,2173	−40,8982	−2,7024	−71,3889	−0,0997	10
										+37,5567			−26,8376		+15,7623	−41,5444	−79,7996	−40,8982	−1,5768	−137,3376	−1,2024	11
											+69,0409	−12,4920	−56,5489				+14,6179	+215,8760	−3,4671	+239,5188	−2,3762	12
												+16,5016			+5,4780	−15,5176			−0,3420	−22,8736	−0,9139	13
													+83,3865				+39,9643	−215,8760	−3,2676	−179,1793	−2,1302	14
																			+1,4296	+1,4296	+1,4296	15
															+56,6180	−58,1974	−18,7423	−87,9407	−2,0300	−78,1597	−0,0568	16
																+243,4387	+114,8762	+132,5290	+4,5700	+411,1075	−4,2157	17
																	+203,2712	+122,4255	+1,2100	+420,0601	−1,3922	18
																		+1057,0749	−0,0900	+1149,3925	−4,2656	19

Normalgleichungen der „Eigentlichen Hauptausgleichung", ihre Reduktion nach dem „modernisierten Gaußschen Algorithmus" einschließlich der Berechnung der Korrelaten

1	2	3	4	5	6	7	8	9	10	11	12	13	14	15	16	17	18	19	20	Σ	
+8,7590 −1	+4,1166 −0,4700	−0,0005 +0,0001	+ 0,0003 0	0 0	+1,7007 −0,1942	0 0	− 0,6573 + 0,0750	+ 0,0673 − 0,0077	− 0,0010 + 0,0001	− 0,0007 + 0,0001	0 0	+ 0,6406 − 0,0731	0 0	0 0	− 2,2328 + 0,2549	− 5,8601 + 0,6690	+ 0,0018 − 0,0002	+ 0,0047 − 0,0005	+1,6547 −0,1889	+ 8,1941 − 0,9355	1
−0,0793	+9,5081 +7,5733 −1	+3,5975 +3,5977 −0,4750	+ 3,5047 + 3,5046 − 0,4628	0 0 0	0 −0,7993 +0,1055	0 0 0	− 0,0069 + 0,3020 − 0,0399	− 0,2230 − 0,2546 + 0,0336	− 0,2938 − 0,2933 + 0,0387	+ 0,5583 + 0,5586 − 0,0738	0 0 0	0 − 0,3011 + 0,0397	0 0 0	0 0 0	+ 11,3503 + 12,3997 − 1,6373	+ 4,6637 + 7,4179 − 0,9795	+ 9,3633 + 9,3625 − 1,2362	− 14,2766 − 14,2788 + 1,8854	+2,0954 +1,3177 −0,1740	+ 33,9576 + 30,1064 − 3,9753	2
	−0,1887	+8,1756 +6,4667 −1	+ 3,6130 + 1,9483 − 0,3013	+1,4589 +1,4589 −0,2256	+2,0844 +2,4632 −0,3811	0 0 0	0 − 0,1435 + 0,0222	+ 0,1179 + 0,2388 − 0,0369	+ 0,1182 + 0,2575 − 0,0398	+ 0,7581 + 0,4928 − 0,0762	− 0,5522 − 0,5522 + 0,0854	+ 0,2167 + 0,3598 − 0,0556	0 0 0	− 1,7152 − 1,7152 + 0,2652	+ 6,3170 + 0,4269 − 0,0660	+ 12,9480 + 9,4239 − 1,4573	+ 11,8774 + 7,4302 − 1,1490	− 21,8196 − 15,0372 + 2,3253	+1,8524 +1,2267 −0,1897	+ 29,0478 + 14,7481 − 2,2806	3
		−0,2024	+11,9686 + 9,7596 − 1	−0,0002 −0,4398 +0,0451	+0,0005 −0,3720 +0,0381	− 3,8779 − 3,8779 + 0,3973	0 − 0,0965 + 0,0099	− 0,1507 − 0,1048 + 0,0107	− 1,0617 − 1,0035 + 0,1028	+ 0,0892 − 0,3178 + 0,0326	0 + 0,1664 − 0,0170	− 0,0001 + 0,0308 − 0,0032	+ 0,4120 + 0,4120 − 0,0422	+ 0,0003 + 0,5171 − 0,0530	+ 6,4077 + 0,5405 − 0,0554	+ 7,1056 + 0,8332 − 0,0854	+ 15,8449 + 9,2732 − 0,9502	− 23,3962 − 12,2573 + 1,2559	+0,6585 −0,3209 +0,0329	+ 21,1175 + 2,7407 − 0,2808	4
			− 0,0549	+7,4350 +7,0860 −1	+1,4260 +0,8533 −0,1204	− 2,3443 − 2,5192 + 0,3555	0 + 0,0280 − 0,0040	0 − 0,0586 + 0,0083	+ 1,1840 + 1,0806 − 0,1525	0 − 0,1255 + 0,0177	− 1,4787 − 1,3466 + 0,1900	+ 0,5753 + 0,4955 − 0,0699	+ 0,4315 + 0,4501 − 0,0635	− 1,7513 − 1,3410 + 0,1892	+ 0,0149 − 0,0570 + 0,0080	+ 0,0344 − 2,0541 + 0,2899	− 12,7576 − 14,0156 + 1,9779	− 3,4638 − 0,6242 + 0,0881	+1,3239 +1,0327 −0,1457	− 7,9130 − 11,1166 + 1,5688	5
				−0,1271	+6,5793 +5,1087 −1	0 + 0,1556 − 0,0305	− 0,2535 − 0,0464 + 0,0091	− 0,0003 − 0,1282 + 0,0251	+ 0,4109 + 0,1137 − 0,0223	0 − 0,1257 + 0,0246	− 0,5056 − 0,1267 + 0,0248	+ 1,3382 + 0,9864 − 0,1930	0 − 0,0385 + 0,0075	− 1,5980 − 0,7632 + 0,1494	− 7,3823 − 5,7758 + 1,1306	− 3,2821 − 4,6739 + 0,9149	+ 0,3745 + 0,5710 − 0,1118	− 1,9347 + 1,8968 − 0,3713	+1,4363 +0,6499 −0,1272	+ 0,3953 − 2,1974 + 0,4301	6
					−0,0829	+10,1672 + 7,7262 − 1	0 − 0,0270 + 0,0035	0 − 0,0586 + 0,0076	0 − 0,0180 + 0,0023	− 0,2586 − 0,4256 + 0,0551	+ 0,4243 + 0,0156 − 0,0020	0 + 0,1583 − 0,0205	− 1,0620 − 0,7371 + 0,0954	0 − 0,2480 + 0,0321	0 + 0,3706 − 0,0480	0 − 0,2566 + 0,0332	+ 3,0124 + 1,6967 − 0,2196	+ 19,8644 + 14,7148 − 1,9045	+0,7953 +1,0151 −0,1314	+ 26,7208 + 23,9247 − 3,0966	7
						− 0,0530	+15,5899 +15,5238 − 1	− 3,4469 − 3,4286 + 0,2209	0 + 0,0041 − 0,0003	0 − 0,0167 + 0,0011	0 − 0,0063 + 0,0004	− 3,9407 − 3,8648 + 0,2490	0 − 0,0007 0	0 − 0,0354 + 0,0023	− 13,3888 − 14,0822 + 0,9071	+ 7,1871 + 6,6339 − 0,4273	0 − 0,0495 + 0,0032	0 + 0,1862 − 0,0120	+0,9434 +1,0443 −0,0673	+ 2,0314 + 1,9075 − 0,1229	8
							− 0,0237	+25,8337 +25,0532 −1	−10,2846 −10,3021 + 0,4112	−10,5301 −10,5440 + 0,4209	0 + 0,0065 − 0,0003	+ 0,0013 − 0,8504 + 0,0339	0 + 0,0014 − 0,0001	0 + 0,0288 − 0,0011	− 6,6215 − 9,4510 + 0,3772	+ 63,4964 + 64,7811 − 2,5857	+ 24,1364 + 24,1760 − 0,9650	+ 39,5501 + 39,6894 − 1,5842	+1,1678 +1,4139 −0,0564	+ 123,1138 + 124,0032 − 4,9496	9
								− 0,0076	+45,7640 +41,2356 −1	+10,1322 + 5,7868 − 0,1403	+12,9946 +13,2446 − 0,3212	−10,4218 −10,8903 + 0,2641	0 − 0,0265 + 0,0006	−11,3695 −11,0153 + 0,2671	+ 33,9257 + 30,7002 − 0,7445	− 32,2343 − 5,1843 + 0,1257	− 47,9423 − 34,8527 + 0,8452	− 58,8659 − 43,6731 + 1,0591	−2,5372 −2,1564 +0,0523	− 70,4833 − 16,8337 + 0,4082	10
									− 0,1141	+48,4404 +43,0726 − 1	0 − 1,8341 + 0,0426	0 + 1,2034 − 0,0279	− 25,9560 − 25,9719 + 0,6030	+ 0,0003 + 1,6492 − 0,0383	+ 16,0927 + 6,7391 − 0,1565	− 39,2263 − 12,6297 + 0,2932	− 74,4776 − 60,5075 + 1,4048	− 58,3025 − 32,8233 + 0,7620	−1,5952 −0,8073 +0,0187	− 134,2758 − 81,9070 + 1,9016	11
										+ 0,0622	+86,3137 +81,6724 − 1	−12,6256 − 8,9294 − 0,1093	− 55,9099 − 56,9289 + 0,6970	− 0,3750 + 2,8044 − 0,0343	− 0,0218 − 9,7262 + 0,1191	− 0,0473 + 1,3504 − 0,0165	+ 19,0788 + 25,5140 − 0,3124	+ 263,9246 + 275,3678 − 3,3716	−4,1300 −3,1512 +0,0386	+ 307,0898 + 307,9695 − 3,7708	12
											+0,2575	+34,3832 +29,1992 − 1	0 − 5,5149 + 0,1889	− 6,4556 − 8,7722 + 0,3004	+ 0,3250 + 5,0969 − 0,1746	− 39,6009 − 35,3701 + 1,2113	− 1,2858 − 4,4375 + 0,1520	− 2,5756 + 17,9907 − 0,6161	−0,3393 −1,2770 +0,0437	− 39,7648 − 3,0869 + 0,1057	13
												+ 0,0596	+104,8862 + 48,3873 − 1	0 + 1,3175 − 0,0272	0 − 1,7605 + 0,0364	0 − 13,3269 + 0,2754	+ 63,3548 + 44,4570 − 0,9188	− 212,0026 − 34,5091 + 0,7132	−3,5834 −6,4596 +0,1335	− 129,4294 + 38,1057 − 0,7875	14
													+ 0,1168	+18,9125 +12,2819 − 1	− 1,0826 + 7,9754 − 0,6494	− 0,4409 − 10,3504 + 0,8427	+ 3,4748 − 7,9996 + 0,6513	+ 13,9279 − 2,3394 + 0,1905	+0,6499 +0,6736 −0,0548	+ 12,1777 + 0,2420 − 0,0197	15
														− 0,0849	+128,6708 + 53,6517 − 1	− 8,3313 + 20,9327 − 0,3902	− 50,6157 − 11,3811 + 0,2121	− 102,8037 + 6,3884 − 0,1191	−3,0274 −1,7444 +0,0325	+ 7,6010 + 67,8505 − 1,2646	16
															+ 0,0345	+450,7256 +182,7342 − 1	+106,2645 + 1,5207 − 0,0083	+ 102,0742 + 26,5144 − 0,1451	+8,0519 +0,4028 −0,0022	+ 633,5303 + 211,1677 − 1,1556	17
																+ 0,0031	+307,4279 + 55,4301 − 1	+ 131,8911 + 0,4990 − 0,0090	−1,1832 +0,3061 −0,0055	+ 507,8387 + 56,2353 − 1,0145	18
																	− 0,0052	+1305,5797 + 96,1869 − 1	−1,2876 +3,4957 −0,0363	+1376,0888 + 99,6813 − 1,0363	19
																		− 0,0363			

Tafel 18

FSC
www.fsc.org
MIX
Papier | Fördert
gute Waldnutzung
FSC® C083411

Kolibri 360 GmbH
Ferdinand-Jühlke-Straße 7
99095 Erfurt, Deutschland
produktsicherheit@kolibri360.de